태양전지의 기본

「太陽電池」のキホン

佐藤勝昭 (Katsuaki Sato) 지음 | 김현철 · 김봉환 · 이병렬 · 김성욱 옮김

HS 도서출판 한산

머 리 말

STOP 지구 온난화, BYE 원자력 발전. 지속 가능한 사회에 있어서 에너지 정책의 대전환이 전 지구적으로 요구되고 있습니다. 현재 세계의 에너지 공급은 80%를 석유, 석탄, 천연 가스 등 탄소를 기반으로 하는 고갈성 화석 에너지로, 6%를 안전문제를 안고 있는 원자력에 의존하고 있습니다. 지속 가능한 사회의 실현은 현재 0.2%밖에 없는 자연 에너지의 비율을 어디까지 증가시킬 것인가에 달려 있다고 해도 과언이 아닐 것입니다.

자연 에너지 중 가장 기대되고 있는 것이 태양전지이지만 기존의 에너지원을 바꾸는 데에는 아직도 역부족입니다. 더 고효율이고 저비용의 자원절약의 태양 전지를 개발해야 합니다. 이를 위해서는 더 많은 사람들이 태양전지에 참가하여 기초에 입각한 연구 개발을 진행해 주시지 않으면 안됩니다.

'태양전지'라고 이름이 붙는 해설서는 여러 서점 책장에 진열되어 있습니다. 태양 전지에 관심이 있는 이과 학생이 일반용 해설만으로 충분히 만족하지 않고 한 걸음 더 나아가 전문서를 열어보면 반도체라든가 pn접합이라는 곳에서 벽에 부딪힙니다. 일반용과 전문가용 사이를 메꿔줄 '이공계 입문서'가 의외로 적습니다.

이 책에서는 앞으로 태양전지를 배우고자 하는 고등학생, 고등전문학교 학생, 대학생, 또는 다른 분야에서 일하는 사회인이 출발선에 서기 위하여 태양전지 및 그것의 기본이 되는 반도체, 반도체 소자의 기초 지식을 제공하는 데 그 목적으로 하고 있습니다.

처음에는 대략적인 부분에서 출발하지만, 읽어 나갈수록 태양 전지에는 어떤 과학기술 배경이 있는가, 향후 어떤 방향으로 연구가 진행하는가에 대해, 다소나마 이해를 얻을 수 있도록 하였습니다. 후반에는 다소 어렵다고 느끼는 부분이 있을 지도 모릅니다. 중요한 점은 반복 설명하고 있기 때문에 천천히 읽으면 하나하나를 이해하실 것이라고 생각합니다. 그러면 태양전지의 기본적인 사항의 대부분을 알게 될 것입니다.

이 책이 전문적인 교과서로 나아가는 사람의 좋은 가이드가 되면 좋겠습니다.

2011년 3월 사토 가쯔아끼

목 차

01/ 태양광과 태양전지 (입문편)

02/ 태양전지 요소기술 (중급편)

03/ 태양광발전 모듈에서 시스템까지 (중급편)

04/ 여러가지 태양전지 (상급편)

05/ 태양전지 반도체 입문 (상급편)

06/ 태양전지를 위한 반도체 소자 입문 (상급편)

07/ 앞으로의 태양전지 (고급편)

등장 캐릭터의 소개

개구리

본 시리즈의 메인 캐릭터.
제조를 좋아하고 어떤 것에 관심을 가지고, 언젠가는 스스로 혁신적인 제품을 만들고 싶어 한다.

가이드 역

홀

"전자의 기본"의 경험을 살려 두 번째 등장. 빛으로부터 전기를 만들어 내는데, 나랑 전자는 빠질 수 없으니까 이번에도 잘 부탁합니다!

전자

고객시선과 항상 함께니까 선글라스는 필수품이야! 옷도 완전히 여름버전이고. 더 많은 사람들이 진심으로 태양광 발전에 종사하면 분명 미래는 밝게 될 거야!

01

태양광과 태양전지 (입문편)

지구에 내려 쬐는 태양광의 파워는 얼마나 될까?
빛을 전기로 변환하는 태양전지 셀의 변환효율은 어떻게 구할까?
변환효율은 100%가 될 수 있을까?
태양광 발전의 기초에 관한 의문에 답해보자.

[001] 지금 왜 태양전지인가 ① 남극의 얼음이 증언하는 CO_2의 급증

남극 바닥에 갇힌 대기의 이산화탄소 (CO_2)농도를 측정하면 그림1에 보인 같이 18세기말에는 280ppm정도였던 것이 20세기가 되자 300ppm을 넘어섰고 1960년 정도부터 급증하여 21세기에는 350ppm을 초과하고 있습니다. 일본 기상청의 2010년 발표에서는 390ppm에 달하고 있습니다. 지구의 평균 기온은 다양한 요인으로 변화하고 있습니다만, 그림2(a)와 같이 100년 만에 0.74℃상승하였고 그 변화의 방향은 CO_2 농도 변화곡선과 경향이 매우 비슷합니다.

왜 CO_2 농도가 지구의 온도를 올릴까요?

그것은 원래 지구에서 우주를 향해 방사하고 있는 적외선을 공기 중의 CO_2가 흡수하여 지구가 마치 거대한 비닐하우스처럼 되어있는 것이 원인이라고 합니다. 이것을 영어로 Green House Effect라고 하고 한국 및 일본에서는 온실효과라고 부르고 있습니다.

CO_2는 주로 석탄이나 석유 등 화석연료를 점화해서 발생합니다. 우리는 요리와 온수 샤워, 냉난방에 전기를 이용하고 있습니다, 그 전기의 절반 이상은 화력발전으로 공급되고 있습니다. 따라서 인류는 CO_2 배출량을 줄이기 위해 노력해야 합니다.

2009년 1월 미국 오바마 대통령은 그때까지 정책을 전환하여 저탄소사회를 지향하는 '그린뉴딜'을 제창하였습니다. 그리고 2009년 9월 일본 하토야마 유키오 총리(당시)는 유엔총회에서 일본은 2025년까지 온실 가스 배출량을 25% 줄이겠다고 약속했습니다.

그러므로 우리는 필요한 에너지를 화석 연료 이외의 방법에서 찾아야 합니다. 그 후보로는 원자력 발전이 있지만 2011년 일본 대지진에 따른 원자력 발전소의 사고처럼 안전에 문제가 있습니다. 그래서 주목되는 것이 재생가능에너지입니다.

요점체크

- 이산화탄소 (CO_2)는 지구에 "온실 효과"를 초래한다.
- CO_2는 주로 화석 연료를 점화해서 발생한다.

[그림 1] 대기 중의 이산화탄소 농도의 추이

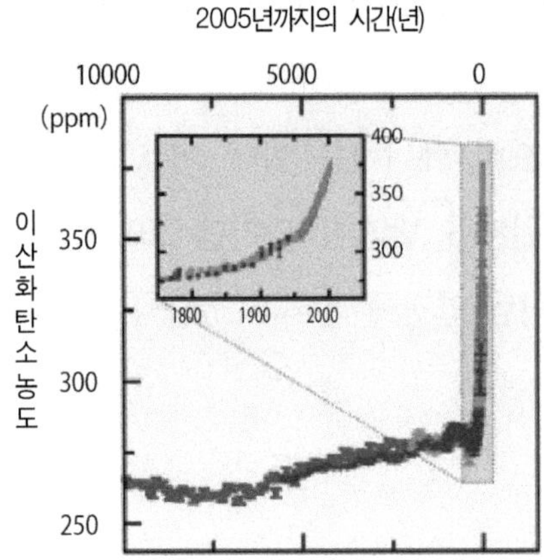

지난 1만년 이산화탄소의 대기중 농도 변화를 나타내고 있다 (확대 그림은 1750년 이후의 변화) 1960년 이전 데이터는 남극의 얼음에 갇힌 이산화탄소 가스측정에서 얻은 것이다.(다른 색으로 표시된 것은 다른 연구 결과를 표시) 1960년 이후 데이터(빨간선)는 공기 중의 이산화탄소 측정에서 1900년 무렵부터 최근 100년간 급증하고 있는 것을 알 수 있다.

출처: IPCC 제4차 보고서(2007)

[그림 2] 관측 값의 변화

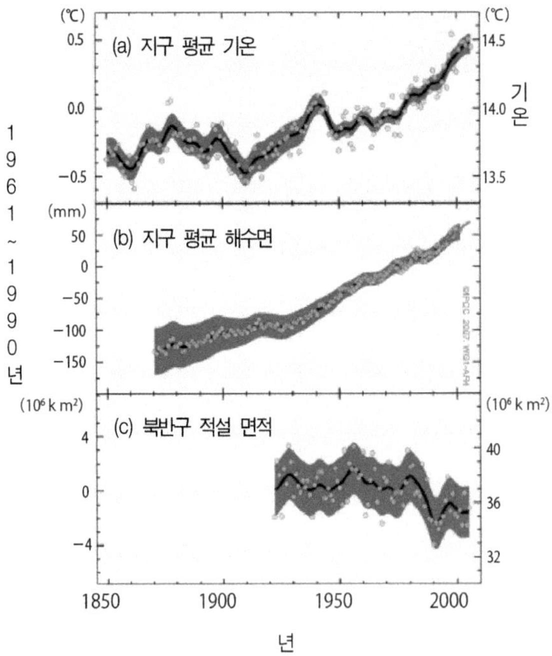

세계의 평균 기온은 1900년까지 13.7℃±0.2℃에서 변동 왔지만, 2005년까지 100년간 0.74℃ 상승했다

파란색은 조위계의 데이터이고 빨간색은 인공위성에서 측정한 것이다. 2005년까지 100년간 약 150mm 증가했다는 것을 알 수 있다

적설면적은 80년간 일본 국토면적의 5배에 해당하는 약 200만 km^2 감소했다.

[002] 지금 왜 태양전지인가? ② 재생가능에너지 중에서 가장 손쉬움

화석연료인 석탄, 석유, 천연가스와 원자력 연료인 우라늄은 **고갈성에너지**라고 합니다. 이에 대해 자연에서 반복되는 에너지의 흐름에 유래하고 그것을 사용하는 것 이상의 속도로 재생될 수 있는 에너지원을 **재생가능에너지**라고 합니다.

재생가능에너지의 근원은 태양 및 달입니다. 태양에너지는 그림1에 나타낸 바와 같이 직접적으로는 태양열 온수기, 태양 전지 그리고 간접적으로는 물의 순환, 바람의 순환을 통해 수력 발전, 풍력 발전, 요트 등에 이용되며 태양의 도움으로 성장한 식물을 통한 바이오매스 (생물체를 에너지원(源)으로 사용하는 일. 석유 성분의 추출, 메탄 발효(醱酵)나 알코올 발효 등에서 에너지를 빼내고 있음) 바이오 에탄올 등이 있습니다. 또, 달의 인력에 기인한 조수의 변화와 조류, 그리고 지구 내부의 마그마의 지열을 이용한 발전 등이 있습니다.

수력발전을 제외한 새로운 형태의 재생에너지를 **신재생에너지**라고 부르고 있습니다. 신재생에너지의 총량은 일차 에너지 총 공급량의 3%에 지나지 않습니다. 그것도 절반 이상이 폐기물발전 등으로 태양광의 직접이용은 그만큼 진행되지 않고 있습니다.

이 책의 주제인 태양전지는 출력을 전기 에너지로 꺼낼 수 있으므로 태양의 열 이용에 비해 쓰기가 좋은 것이 특징입니다. 빛을 전기로 바꾸는 데에는 **광기전력효과**라는 반도체의 물리 현상을 사용하고 있습니다. 자세한 사항은 (011)절 및 제6장에서 설명하겠지만 여기에서는 간략 설명하고자 합니다. 반도체라는 것은 IC칩 등에 사용되는 재료입니다. 반도체에 빛을 쬐면 플러스와 마이너스의 전하가 발생합니다.

이 전하를 분리하여 주면 외부 회로에 전기를 보낼 수 있습니다. 이를 위해서는 약간의 장치가 필요합니다. 이 장치가 pn접합 다이오드입니다. 반도체에는 p형과 n형이 있으며, 그리고 pn접합하여 사용하면 전하를 분리하여 광기전력을 꺼낼 수 있다는 사실을 기억하십시오.

요점체크

- 자연에너지의 흐름에 유래하고 재생되는 것이 재생가능에너지이다.
- 온수기, 태양 전지, 수력 발전, 풍력발전 등이 태양광에서 유래한다.

[그림 1] 태양 등 자연의 혜택으로 재생가능에너지

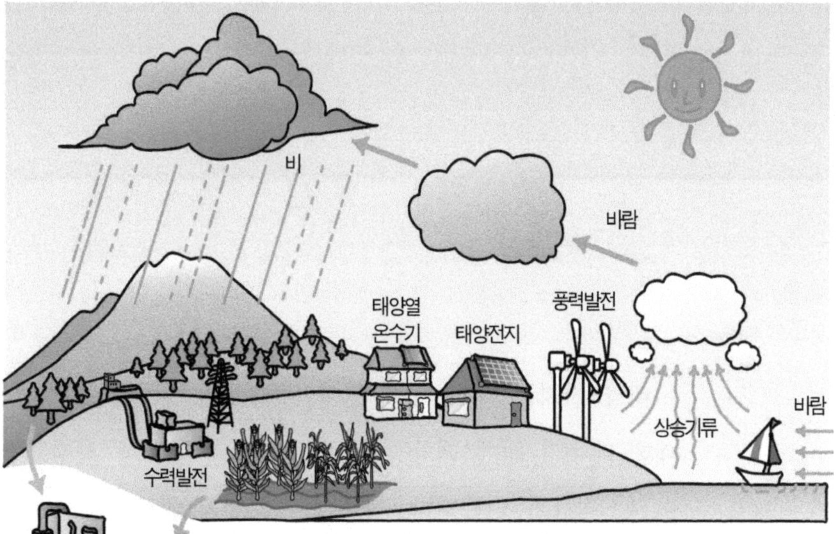

태양열 온수기와 태양 전지는 태양광을 직접 이용한다. 수력발전, 풍력발전, 요트는 태양광이 가져다 준 물과 공기순환을 이용한다. 바이오매스 및 바이오에탄올은 태양의 도움으로 자란 식물을 이용한다.

[그림 2] 태양 전지의 발전원리

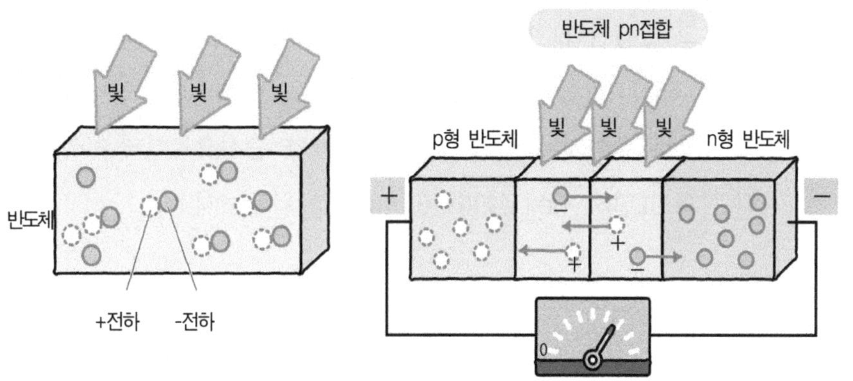

반도체에 빛을 쬐면 플러스와 마이너스의 전하 쌍수가 발생하지만, 발전하지 않음(왼쪽). pn접합 장치를 만들면 플러스와 마이너스가 나뉘어 전기를 꺼낼 수 있다 (오른쪽)

용어해설

일차에너지 : 화석 연료, 우라늄, 태양광 등 자연에서 직접 얻을 수 있는 에너지원. 전기, 도시 가스, 가솔린 등과 같이 가공하여 얻은 것을 이차에너지라고 한다.

[003] 지구에 내려 쏟아지는 태양광의 파워는 1.37kW/m^2

태양 전지는 태양 빛을 받아 발전하는 장치입니다. 따라서 태양 전지에 대해 배우기 전에 태양광이 어느 정도의 파워를 가지고 있는 지를 추정해야 할 필요가 있습니다. 나중에 태양전지의 변환 효율에 대해 배울 때 도움이 될 것입니다.

1m^2(평방 미터) 바닥에 쏟아지는 태양의 파워가 몇 와트(W)가 되나 산출하여 봅시다. 태양은 반경 약 6.96×10^5km의 가스로 된 천체입니다. 태양은 수소 원자가 **핵융합**에 의해 헬륨 원자로 전환할 때 열에너지를 방출하고 있습니다. 이 뜨거운 태양 표면에서 초당 흑체 방사되는 빛의 에너지는 $3.85\text{x}10^{26}$J(줄)이므로 태양의 파워는 3.85×10^{26}W입니다. 지구의 대기권 밖으로 쏟아지는 전력 밀도 P는 태양 중심으로부터 반경 1.496×10^{11}m인 구의 표면적 $4\pi\times(1.496\times10^{11}\text{m})^2$으로 나누어서

$$P = \frac{3.85\times10^{26}[W]}{4\pi\times\left(1.496\times10^{11}[m]\right)^2} \cong 1.37[kW/m^2]$$

이 됩니다. 이것을 **태양상수**라고 합니다.

지표에 닿는 빛의 파워밀도는 공기층을 통해서 오기 때문에 질소, 산소, 수증기, 이산화탄소 등의 분자에 의해서 흡수되어, 대기권 밖의 값 P보다 약하게 됩니다.

빛이 통과하는 공기의 양을 대기질량(air mass, AM)라고 하며, 대기권

밖에서는 AM-0, 천정에서 수직으로 입사하는 경우는 AM-1, 중위도지역에서 1.5배 공기층을 통과한다고 생각되는 곳은 AM-1.5라고 부르고 있습니다. AM-1.5의 태양광전력밀도는 약 1kW/m^{2}입니다.

만약 변환효율 100% 태양전지가 있다고 합시다. 수광 면적이 1m^{2}일 때 최대 1kW의 전력을 꺼낼 수 있습니다. 실제 가정용 태양전지의 변환 효율은 10~ 20%이기 때문에, 한 변이 1m인 정사각형의 태양전지로부터 꺼낼 수 있는 것은 100~ 200W입니다.

요점체크

- 지구의 대기권 밖에 쏟아지는 태양광의 전력 밀도 P는 1.37kW/m^{2}이다.
- 지표에서의 태양광의 파워는 대기의 흡수에 의해서 평균 1kW/m^{2}이 된다.

[그림 1] 지구에 쏟아지는 태양광의 파워를 계산

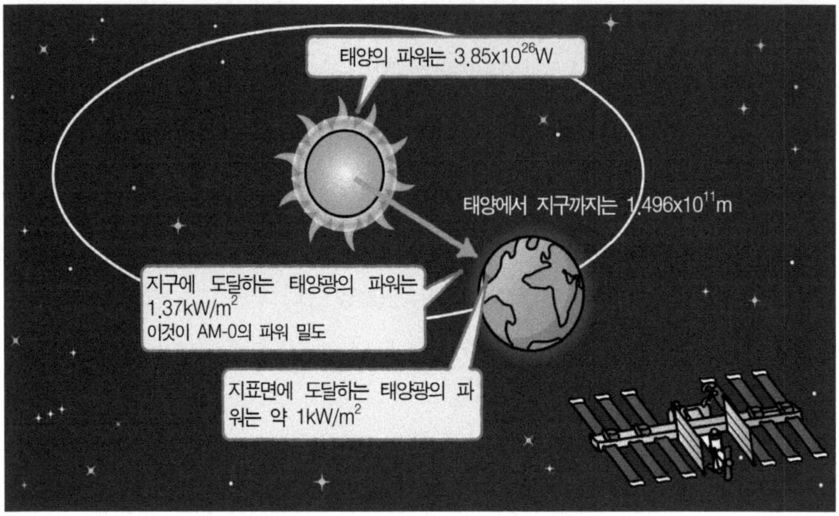

[그림 2] 지상에 내려 쏟아지는 파워 계산

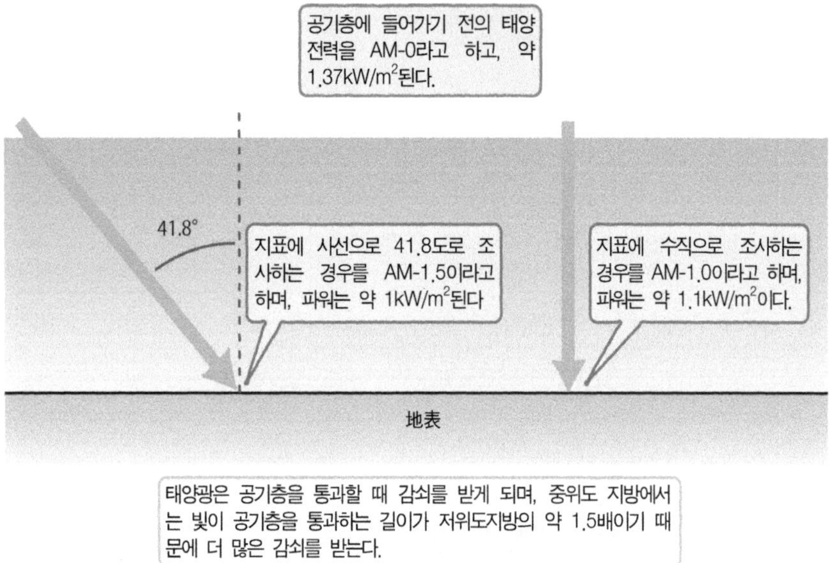

용어해설

에너지와 전력 : 에너지(단위 [J], 줄)의 흐름을 파워(단위 [W], 와트)라 한다. 초당 1J의 에너지가 흐를 경우에, 그 파워는 1W가 된다. W=J/s

[004] 지구가 태양으로부터 받는 에너지를 석유로 환산하면 연간 100조톤

(003)에서 계산한 것처럼 태양으로부터 매초 $1m^2$당 1.37kJ의 에너지가 지구에 도착합니다. 지구의 투영 면적 S는 지구의 반경이 $6.378x10^6$m이므로

$$S = \pi\times(6.378\times10^6[m])^2 = 1.28\times10^{14}\ [m^2]$$

되어, 지구가 1초당 태양으로부터 받는 에너지 E는

$$E = 1.37\ [kJ/m^2]\ x\ 1.28\times10^{14}\ [m^2]$$
$$= 1.75\times10^{14}\ [kJ] = 175000\ [TJ](\text{테라줄})$$

가 됩니다.

1년 동안에는, $t=365\times24\times3600s=3.1536\times10^7[s]$를 곱하여, 총 5.52×10^{24}J의 에너지를 받고 있습니다. 이 중 약 30%는 구름에 의해서 우주로 반사되기 때문에 실제로 지구가 받는 것은 3.86×10^{24}J입니다.

그것을 석유로 환산하면

$$1\text{석유환산톤}=41.9\ [GJ]\ =4.19x10^{10}\ [J]$$

이므로, 매년 $9.22x10^{13}$ 석유환산톤(약 100조톤)의 에너지입니다. 그 에너지에 의해 물의 순환이 일어나 비를 제공합니다. 수력발전은 이 물을 사용합니다. 태양광은 대기의 순환을 제공합니다. 풍력발전기는 이런 공기의

이동을 사용합니다. 인류는 2007년에 117억 석유환산톤의 화석연료(석탄과 석유)를 소비하고 있는데, 이들은 수 억 년전 생물이 햇빛을 받아 성장하고 곧 화석이 된, 어찌보면 태고 태양에너지의 통조림입니다. 이렇게 보면, 우리의 에너지원의 대부분은 태양에 기원이 있다는 것을 알게 됩니다.

인류가 지금의 에너지 소비를 유지한다면 2030년에는 연간 171억 석유환산톤이 필요할 것으로 생각됩니다. 그래도 태양으로부터 받는 에너지에 비하면 훨씬 적습니다.

요점체크

- 지구가 1년간 태양에서 받는 모든 에너지는 $3.86 X 10^{24}$J
- 석유로 환산하면 100조톤에 해당한다.

[그림 1] 지구가 태양으로부터 받는 에너지

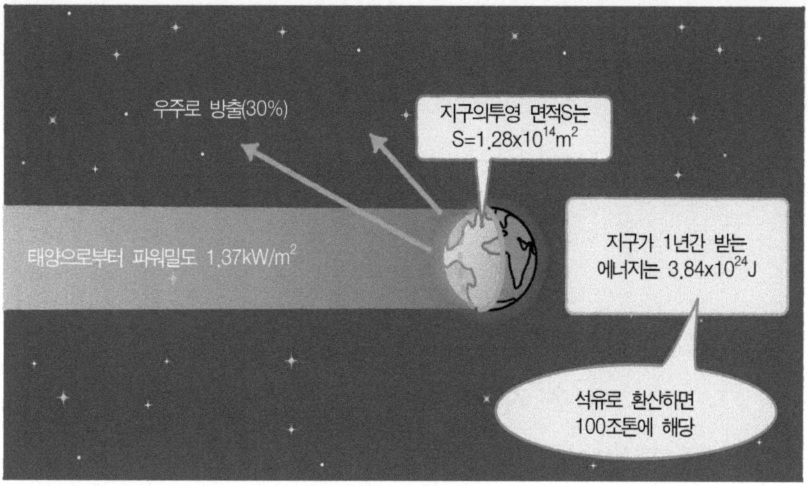

[그림 2] 화석연료는 태양의 통조림

수 억년 전 생물이 화석 연료로 변하였기 때문에, 말하자면 화석연료는 태양의 통조림

용어해설

석유환산톤 : 서로 다른 에너지원의 양을 비교하기 위해서 사용하는 단위. 석유 1톤에 해당하는 열량을 가진 에너지량을 1석유환산톤이라 한다. 이것은 41.9기가 줄에 해당한다.

[005] 태양광에는 보이지 않는 빛도 포함되어 있다 태양광 스펙트럼 ①

그림1은 지표의 태양광 방사강도의 스펙트럼을 보여 줍니다. 가로축은 파장(nm), 세로축은 단위파장(nm)당 태양의 전력 밀도(단위 [1W/cm^2])를 나타냅니다. 그것을 살펴보면, 태양광의 스펙트럼은 300nm부근에서 상승이 시작되어 500nm부근에서 최대가 되며 장파장 쪽으로 일부 요철을 따라가면서 약해지는 넓은 스펙트럼을 나타내는 것을 알 수 있습니다. 왜 최대점이 500nm 부근에 있고, 왜 요철모양을 보이는 지는 (006)에서 설명합니다.

사람 눈에 자동으로 보이는 것을 **가시광선**이라는 얇게 노란색으로 표시된 380 ~ 780nm의 파장 범위입니다. 어떤 파장이 무슨 색으로 보일지는 그림 1의 아래 부분에 나와 있습니다. 380nm보다 파장이 짧은 빛의 것을 **자외선(UV)**라고 하고 눈에는 보이지 않습니다. 또한 780nm보다 파장이 긴 빛을 **적외선(IR)**라고 하며, 이것도 눈에는 보이지 않습니다.

위와 같이 태양으로부터 방사되는 빛에는 인간에게 보이는 가시광선뿐만 아니라 눈에 보이지 않는 적외선이나 자외선도 포함되어 있습니다. 그 비율은 그림1의 그래프에 보이는 것과 같이 가시광선이 52%, 적외선이 42%으로 이 둘이 대부분을 차지하고, 자외선은 약 5 ~ 6%입니다. 즉, 태양광의 절반은 눈에는 보이지 않는 빛입니다.

태양 전지에는 반도체가 사용되고 있지만, 나중에 설명하는 바와 같이, 반도체는 그 특성으로 결정되는 한계파장보다 짧은 파장의 빛 밖에는 전기에너지로 바꿀 수 얻을 수 없기 때문에 적외선 전력의 대부분은 이용되지 않고 있습니다.

따라서 제2장 (002)에 자세히 설명된 대로, 문턱파장이 다른 반도체를 다층으로 거듭함으로써 사용되지 않는 부분을 줄이고, 태양광을 효과적으로 사용하는 **다중 접합 텐덤 구조** 태양전지가 연구 개발되고 있습니다.

요점체크

- 태양광은 가시광선이외에 눈에 보이지 않는 자외선과 적외선도 포함된다.
- 전기로 변환할 수 있는 것은 반도체 고유의 문턱파장보다 짧은 파장의 빛이다.

[그림 1] 지상에서의 태양광의 분광방사강도 스펙트럼

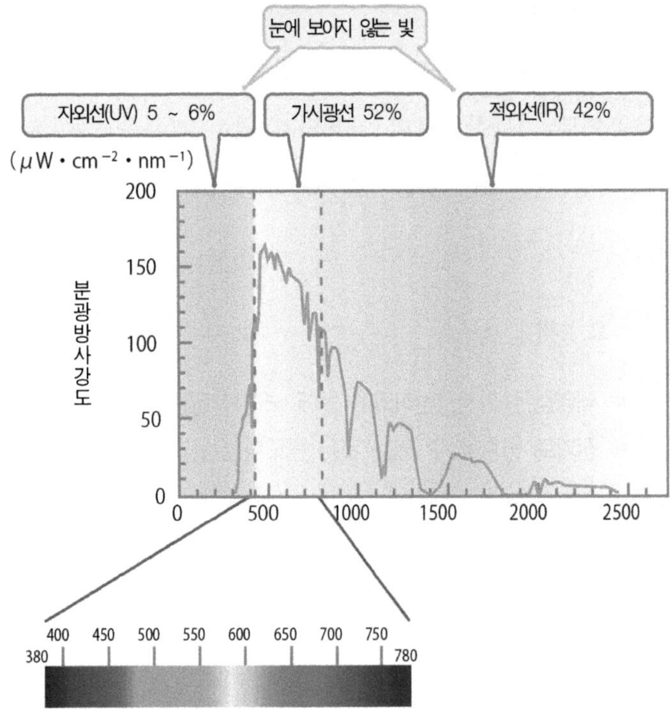

태양광 스펙트럼의 피크는 녹색이지만, 청색 또는 빨간색 성분도 함유되어 있다는 것을 알 수 있다. 낮 동안에는 태양에 비추어진 종이에서 산란광은 다양한 파장을 폭넓게 포함하고 있어서 우리는 흰색으로 여긴다. 아침과 석양의 경우, 공기층에 의한 레일레이 산란에 의해서 청색의 성분이 산란되어 우리 눈에 닿지 않기 때문에, 태양은 붉게 보인다.

용어해설

스펙트럼 : 빛이나 전자파 강도를 파장이나 주파수로 나누어 보여주는 그림

[006] 태양광에는 보이지 않는 빛도 포함되어 있다 태양광의 스펙트럼 ②

태양의 표면 온도는 절대 온도 6000도(6000K)입니다. 고온의 물체에서는 흑체복사에 의해 빛이 방출됩니다. 흑체 복사의 광 강도의 파장분포(스팩트럼)는 하나의 피크파장을 가지고 있습니다. 이 피크파장은 온도가 증가함에 따라 파장이 짧은 쪽으로 이동합니다. 가스 버너의 불꽃도 공기가 많은 저온의 불꽃이 붉게 보이고 가스가 많은 고온의 불꽃이 파란 것과 같은 원리입니다. 태양은 시리우스 B(11,000K)와 같은 푸른 별에 비해 온도가 낮은 별이므로 빨간색입니다.

플랑크의 법칙에 의해 계산된 6000K의 **흑체 복사스펙트럼**을 그림1에 표시합니다. 파장 150nm근처의 자외선 파장에서 시작되어 500nm부근에서 피크파장을 갖고, 파장이 길어지면서 완만하게 감소하는 매끄러운 스펙트럼입니다.

하지만 실제로 **대기권 밖에서 측정한 태양 스펙트럼**(AM-0)은 그림2의 보라색 색상의 라인과 같이 울퉁불퉁하고 있습니다. 오목한 것은 태양의 기체에 포함된 수소, 나트륨, 칼슘, 마그네슘, 철 등의 원자 흡수(소위 프라운호프 선)에 의한 것입니다.

또한 공기를 통과하게 되면, 레일레이 산란에 의해 그림2의 파란색 칠한 부분의 바깥쪽 라인인 1.0μm보다 파장이 짧은 가시광선에서 자외선까지 감쇠합니다. 또한 오존층의 오존(O_3), 공기 중의 물(H_2O), 산소(O_2), 이산화탄소(CO_2) 등의 기체분자진동(연한 파란색 부분)에 의한 흡수를 받아서, 지표에 닿는 빛은 진한 청색처럼 울퉁불퉁한 AM-1의 스펙트럼입니다.

또한 자외선(UV)은 오존에 의해 흡수되므로, 지표에 거의 닿지 않지만 최근 프레온 가스가 오존층을 파괴하기 때문에 자외선이 증가하게 되고 피부암의 원인이 된다고 걱정되고 있습니다.

요점체크

- 태양광의 방사강도 스펙트럼은 6000K의 흑체복사로 거의 설명할 수 있다.
- 자외선은 레일레이 산란에 의해 감쇠하고, 적외선은 기체 분자에 의해 감쇠한다.

[그림 1] 6000K에 있어서 흑체복사의 스펙트럼 강도

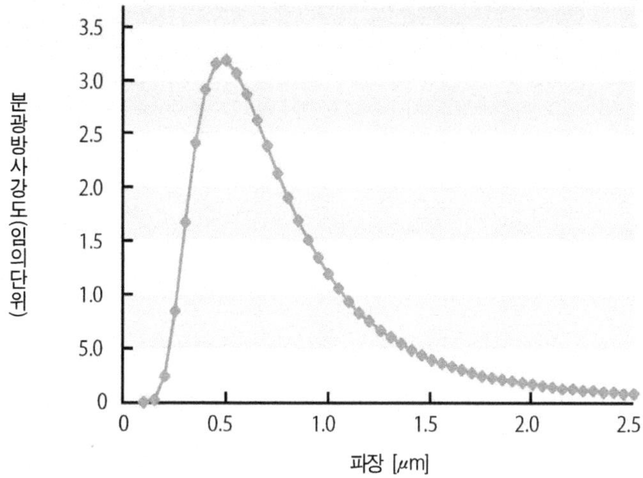

[그림 2] 대기권을 통과했을 때 스펙트럼의 침체

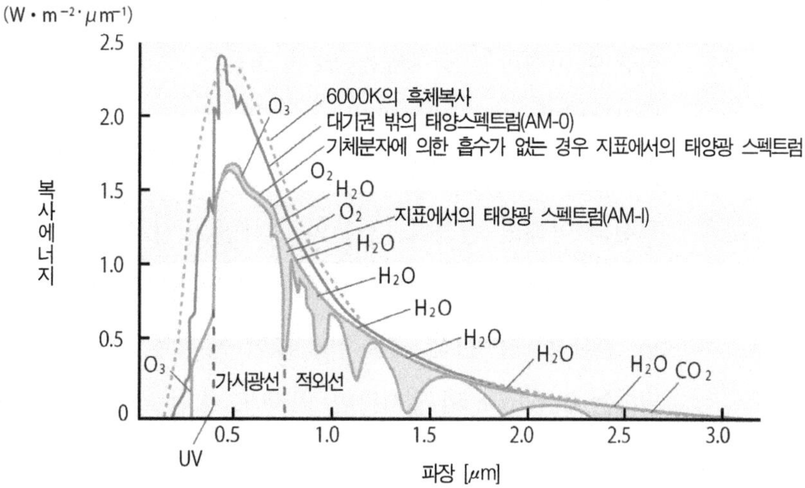

지구의 대기권을 통과하면 물(H_2O), 산소(O_2),이산화탄소(CO_2)에 의한 흡수에 의해 침체되어 보인다.

용어해설

레일레이 산란 : 기체 분자에 의한 빛의 산란 확률은 빛의 파장의 6승에 반비례하는 법칙. 화창한 날에 하늘이 파랗게 보이는 것은 레일레이 산란에 의해 파장이 짧은 청색이나 보라색 빛이 산란되기 때문이다.

[007] 계절과 시간과 날씨에 따라서 변하는 태양광의 파워

그림1은 필자의 집에서 측정한 어느 화창한 날의 일사계(경사면26.5°) 출력(일사강도)의 시간 변화를 나타낸 것이다. 새벽부터 시간이 지나가고 태양이 바로 위에 접근할 때에 일사강도가 증대하고 남중(11시 반경)에서 최대가 된 뒤 오후에는 대각선 방향에서 빛이 비추이기 때문에 작아지고, 일몰과 함께 광량이 없어지는 모습을 볼 수 있습니다. 태양광 발전패널을 지붕에 고정하는 경우에는 발전 출력은 일사계와 거의 같은 시간 변화를 나타냅니다. 어느 지점의 일사 시간 변화는 그 지점의 위도, 시간, 태양의 고도, 방위, 패널의 경사각에서 시뮬레이션에 의해 계산할 수 있습니다. 그 곡선의 아래의 면적이 1일분의 경사면 일사강도가 됩니다.

그림2는 필자의 집에서 측정한 2008년 9월의 하루 일사량(1일분의 경사면 일사강도를 시간 적분하여 구한 광에너지)의 월변화입니다. 종일 맑은 날에는 6kWh/m^2의 일사량이 있지만, 흐린 날은 3kWh/m^2 정도, 비오는 날에도 1kWh/m^2 가까이 있습니다. 비오는 날에도 산란광이 있기 때문에, 영이 되지는 않습니다.

그림3은 몇 년간의 일사량 연변화입니다. 비가 많은 장마철과 햇빛이 약한 겨울에는 낮은 수치를 보여줍니다.

이처럼 태양광이나 풍력 등 자연 에너지는 변동이 큰 에너지원임을 알아야 할 것 입이다. 자연 에너지에 의한 전력 계통의 변동을 억제하기 위한 대책으로서 IT 기술 공급 측면과 수요 측면의 불균형을 없애는 것과 동시에 축전지를 조합하여 안정화하는 **스마트그리드**가 검토되고 있습니다. 자세한 사항은 3장 (036)을 참조하십시오.

요점체크

- 태양광의 일사 강도는 시간에 따른 변하며, 남중때 최대가 된다.
- 비오는 날도 산란광이 있으므로 일사량이 제로가 되지 않는다.

[그림 1] 맑은 날의 일사계의 강도 변화(필자의 집에서 측정 결과)

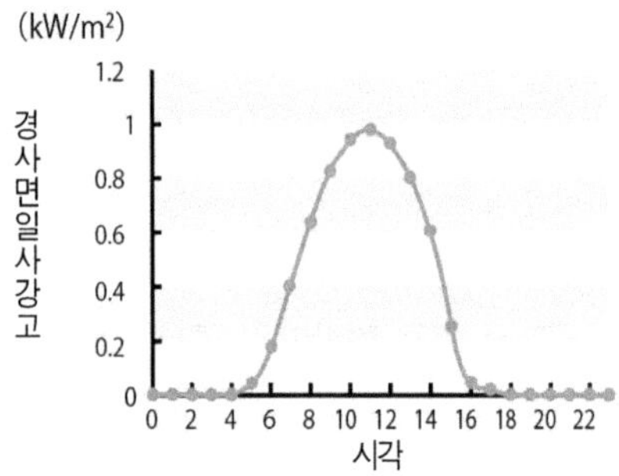

필자의 집에서 측정한 경사면(수평에서 26.5도만큼 기울어진 면)에서 일사강도. 남중일 때(11시 반) 최대가 되고, 그이후로는 감소하고 일몰과 함께 거의 영이 된다.

[그림 2] 2008년 9월 1일 일사량 월 변화(필자의 집에서 측정)

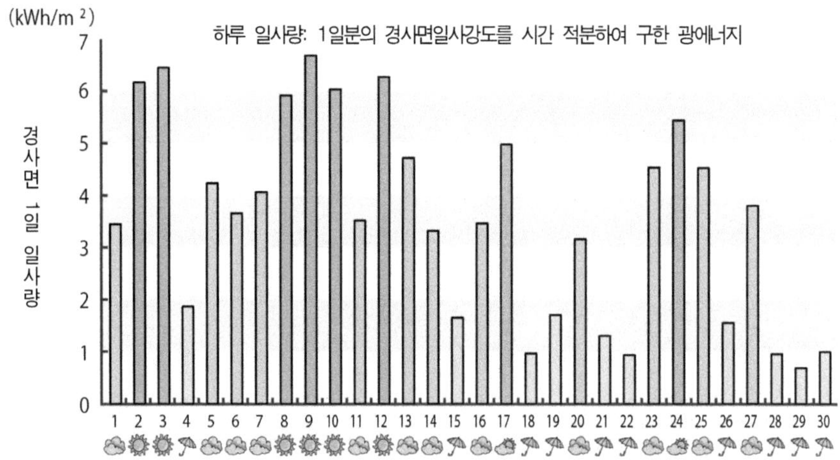

[그림 3] 몇 년간 월일사량의 년 변화 (필자의 집에서 측정)

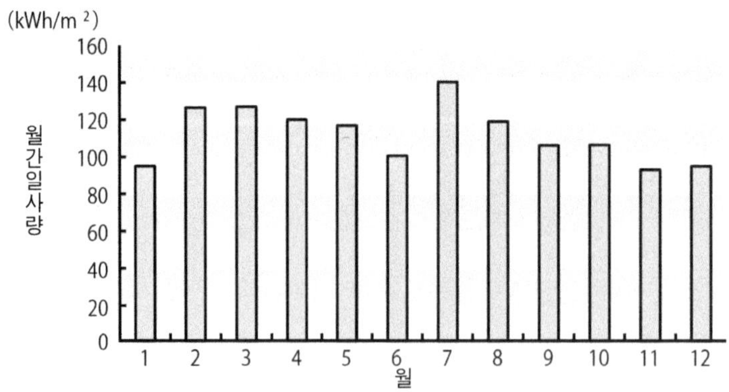

[008] 태양전지의 역사 - 뿌리는 19세기임!

역사를 살펴보면, 무려 1839년에 AE 베크렐이라는 프랑스 학자가 후에 베크렐 효과라고 하는 현상을 발견하였습니다. 그림1과 같이 전기 분해액에 2개의 전극을 두고 한쪽 전극에 가시광선이나 자외선을 조사하면 기전력이 생기는 것입니다. 이것은 **색소 증감 태양 전지**(054 참조)의 뿌리라고 할 수 있습니다. 1883년이 되면, 프리츠라는 미국 발명자가, 셀렌(Se)에 얇은 금 박막을 코팅하여 빛을 쬐면 **광기전력**이 발생할 수 있음을 발견했습니다. 이 때 변환 효율은 1%였습니다.

(002)에서 언급한 pn 접합에 기초한 태양전지의 최초의 특허는 1941년 미국 벨 연구소의 올이라는 기술자가 "빛 센서 장치"로서 취득합니다. 트랜지스터의 발명에 앞서서 10년 전 일이었습니다.

최초의 실용적인 태양 전지는 1953년 벨 연구소의 피어슨, 풀러, 차핀 등 3명의 연구자에 의해 단결정 실리콘을 사용하여 개발되었습니다. 당시의 변환 효율은 2.5% 였지만, 벨연구소는 1956년에 6%의 변환 효율을 달성하였습니다.

1958년 미국은 두 번째 인공 위성 뱅가드 1호 전원으로 단결정 실리콘 태양 전지를 탑재했습니다(그림2). 1990년대가 되면 태양 전지의 개발이 더 진행되어, 호주의 뉴사우스 웨일즈 대학에서 24.5%라는 고효율 단결정 실리콘 전지가 발표되었습니다. 그러나, 그 이후에는 높은 효율성을 추구하는 연구가 시들어져버립니다. 또한 현재 우주용으로 사용되고 있는 것은, 화합물 반도체를 다중 접합한 텐덤전지(026참조)입니다. 이것은 35%

라는 높은 변환 효율이 보고되었습니다.

태양 전지에 사용되는 반도체의 양을 줄이고, 제조에 드는 에너지를 줄이기 위해 CIGS($CuIn_{1-x}Ga_xSe_2$) 등 빛 흡수에 강한 반도체 박막을 이용한 태양 전지가 연구되고 있습니다. 이에 대한 실용화도 진행되고 있어 더욱 발전이 기대되고 있습니다.

요점체크

- 태양 전지의 뿌리는 19세기의 과학자 베크렐까지 거슬러 올라간다.
- 실용적인 실리콘 태양 전지는 20세기 중반 미국에서 개발되었다.

[그림 1] 베크렐 효과

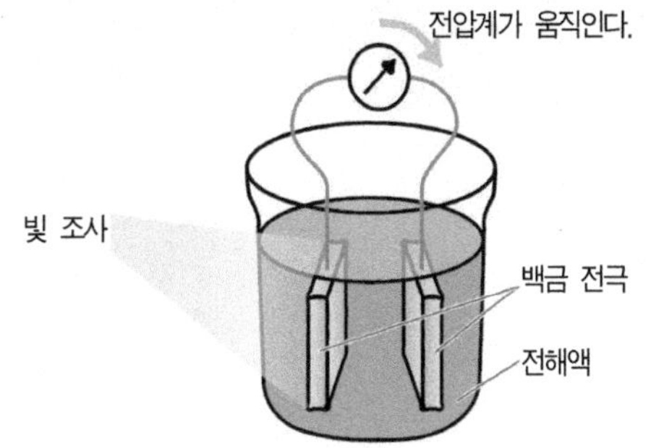

[그림 2] 미국에서 최초로 인공위성에 탑재된 태양 전지

[009] 빛을 전기로 바꾸는 태양전지 셀을 구성하는 반도체

빛을 전기로 바꾸는 기본 유닛은 **태양전지 셀**입니다. 현재 시판되고 있는 태양전지 셀에는 반도체가 사용되고 있고, 빛 에너지의 일부를 전기 에너지로 바꿀 수 있습니다. 태양전지는 '배터리'라고 해도, 광학 힘이 주어지지 않으면 전혀 전기가 발생하지 않습니다. 건전지나 축전지와 달리 전기를 축적하는 성질을 가지고 있지 않기 때문이며, 정확하게는 '**태양광 발전기**'라고 해야 할 것입니다.

반도체를 아십니까? 자세한 사항은 제 5장에서 설명하지만 반도체는 전기흐름성이 도체와 부도체(절연체)의 중간에 해당하는 물질로 도체에 가까운 "전기저항율이 낮은 상태"에서 부도체에 가까운 "전기저항율이 높은 상태"까지 폭넓은 범위의 값을 가지며, 더욱이 전기저항을 인공적으로 제어할 수 있는 특징을 가지고 있습니다.

반도체의 대표는 실리콘(규소)입니다. 실리콘 결정은 그림1의 왼쪽에 줄지어있는 은색 금속 광택을 가진 원통형 덩어리(잉곳)입니다. 그 잉곳을 자른 것이 오른쪽에 있는 웨이퍼입니다.

실리콘 웨이퍼에서 그림2에 나타낸 바와 같이 다이오드와 트랜지스터 등의 반도체 디바이스(소자), 심지어는 미세한 회로를 만들어 넣은 CPU 및 DRAM 등의 집적회로 (IC)가 만들어집니다.

집적 회로는 그림3과 같이, TV, 휴대폰, 휴대 음악 플레이어, 컴퓨터, 철도 패스 IC 카드 등의 심장부에 사용되며, 일상 생활에 없어서는 안 될 존재인 것은 아시는 바와 같습니다.

반도체는 태양 전지의 주역입니다. 반도체를 사용하여 빛을 전기로 바꾸는 방법에 대해서는 (010)에서 서술합니다. 태양 전지는 제 4장에 설명된 대로 실리콘 외에 갈륨비소, CIGS 등 다양한 반도체가 사용되고 있습니다.

요점체크

- 반도체 소자는 일상 생활의 모든 곳에서 사용되고 있다.
- 태양 전지 재료로 가장 많이 사용되는 것은 실리콘이다.

[그림 1] 반도체를 대표하는 실리콘

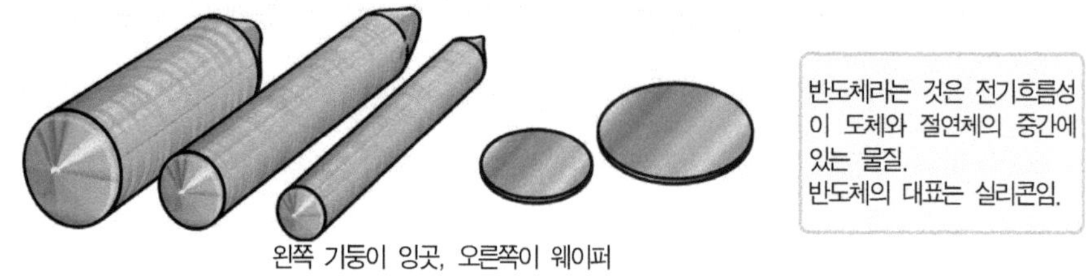

[그림 2] 실리콘 웨이퍼에서 다양한 반도체 소자가 만들어 진다

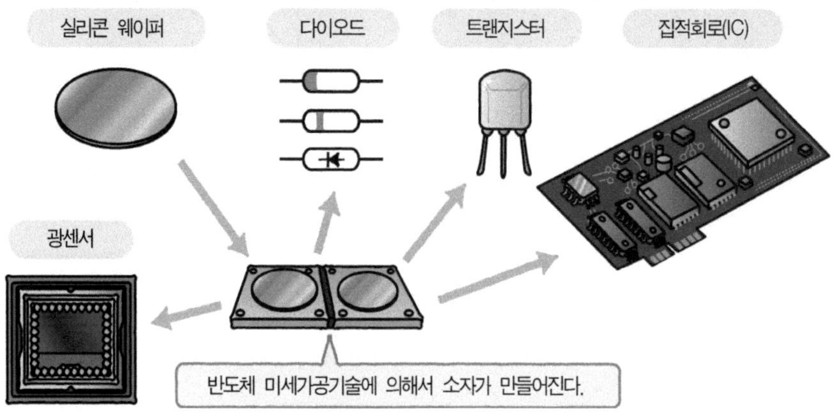

[그림 3] 반도체 집적 회로가 심장부에 사용되는 다양한 제품

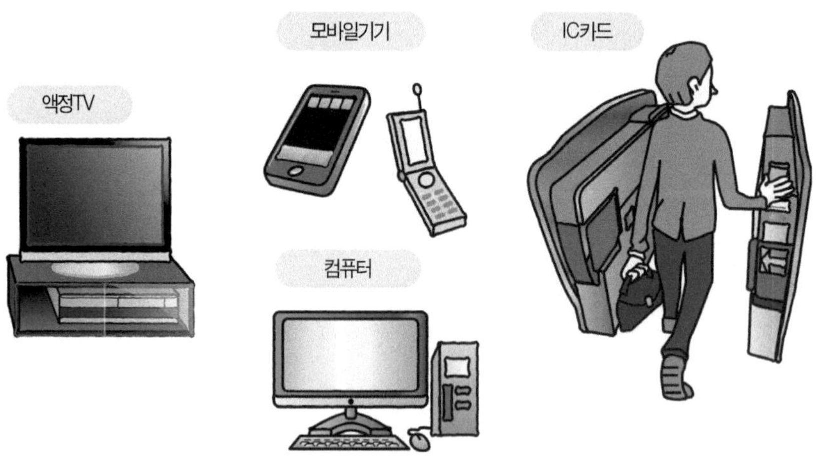

[010] 태양전지 셀의 핵심은 pn 접합 다이오드

그림1은 실리콘 태양전지 셀의 핵심 부분인 pn 접합 다이오드의 구조를 모식적으로 그린 것입니다. 그림과 같이 n형 실리콘과 p형 실리콘을 접합시킨 것입니다. 순수한 실리콘 결정은 전기 저항이 높고, 전기가 흐르지 않습니다. 그런데 순수한 실리콘에 아주 조금의 불순물을 첨가하면 전기가 흐르게 됩니다. 전하 나르개(캐리어)는 **전자** 또는 **홀**(정공)입니다. 순수한 실리콘에 미량의 인을 첨가하면 전자가 전기를 나르는 n형 실리콘 반도체가 됩니다. 한편, 미량의 붕소를 첨가하면 홀이 전기를 나르는 p형 실리콘 반도체가 됩니다.

n형과 p형을 붙여서 pn **접합**을 만들게 되면 그림2와 같이 정류성(p형 측에 플러스 전압을 가하면 전류가 흐르고, n형 측에 플러스 전압을 가하면 전류가 흐르지 않는 성질)을 가진 다이오드가 됩니다.

이 다이오드에 태양광을 비추면, n형 측이 마이너스, 그리고 p형 측이 플러스가 되어 전기를 꺼내어 쓸 수 있게 됩니다. 이것이 태양전지입니다.

태양광 발전에 기여하는 것은 n형 실리콘과 p형 실리콘에 원래 포함된 전자와 홀이 아니라, 빛 조사에 의해 실리콘에 새로 생성한 전자와 홀의 광생성 캐리어입니다. 이러한 광생성 캐리어는 pn 접합을 만들어서 접합계면 부근에 생기는 내부 전계에 의해 전자는 n형 측의 전극에, 홀은 p형 측의 전극에 이끌려 p형이 플러스 전압, n형이 마이너스 전압이 되는 것입니다.

한편, 왜 인 첨가로 실리콘이 n형이 되는 지, 붕소 첨가로 p형이 되는

지의 이유는 제 5장에서 자세히 설명하겠습니다. 또한, pn 접합을 만들어서 내부 전위차가 생기는 것에 대한 내용은 다음의 (011)에서 설명합니다.

요점체크

- 태양 전지의 핵심은 반도체의 pn 접합 다이오드이다.
- pn 접합에 빛을 쬐면 여분의 전자와 홀이 내부 전위차에 의해 분리된다.

[그림 1] 태양 전지를 구성하는 pn접합 다이오드의 성립

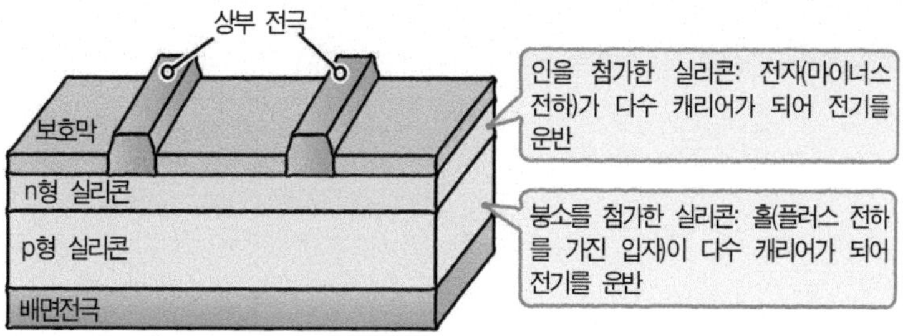

[그림 2] pn접합 다이오드의 정류성

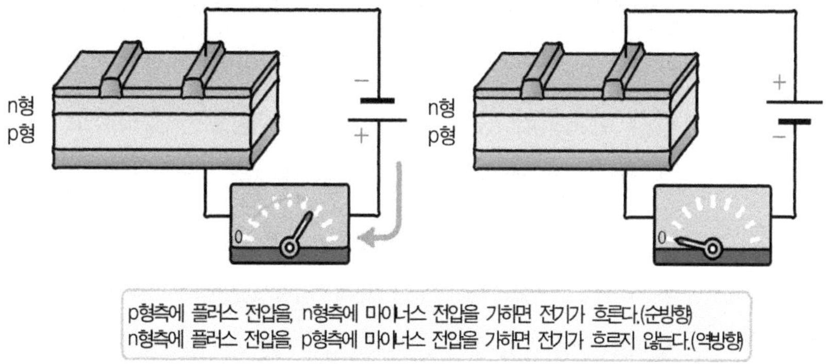

[그림 3] pn접합 다이오드에 빛을 쬐면 기전력이 발생

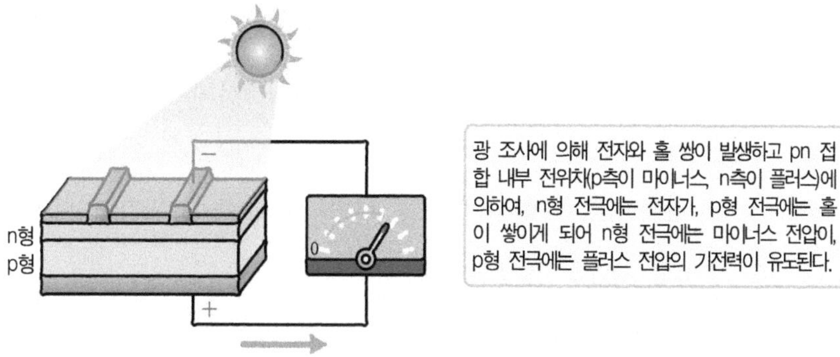

[011] 태양전지 셀의 pn 접합 다이오드의 동작

태양 전지의 핵심은 반도체이지만, 반도체(예를 들어 실리콘) 단독으로 빛을 보내는 것만으로 전기를 꺼내 쓸 수 없습니다.

그림1에 설명된 것처럼, 빛을 비추면 캐리어 쌍(전자 및 홀)이 발생합니다. 빛을 비추기 전부터 있었던 캐리어에 빛에 의한 캐리어가 더해지므로 전기 전도도가 증가합니다. 이것을 **광도전 효과**라고 합니다. 광도전 효과는 가로등이 밤에 자동 점등하는 장치에 사용되고 있습니다(055 참조). 그러나 이 효과는 광 스위치에는 사용 가능하지만 태양 전지에는 사용할 수 없습니다. 그림2와 같이, p형 반도체(홀이 다수캐리어로 있는 반도체)와 n형 반도체(전자가 다수캐리어로 있는 반도체)을 접합하면, p형 반도체의 홀은 n형 반도체 쪽으로 흘러가고, n형 측의 전자는 p형 쪽으로 향하여 흐릅니다(이것을 **확산**이라고 한다). 확산은 일반적으로 농도의 차이가 있는 곳에서, 농도 짙은 곳에서 옅은 곳으로 물질이 흐르는 현상으로 합니다. 빨간 잉크를 넣은 수조와 민물 수족관을 붙이고 분할을 제거하면 빨간 잉크가 민물 수족관 쪽으로 흘러서, 전체가 분홍색으로 되는 것과 같습니다. 결합계면 부근에서 전자와 홀이 만날 때 전자가 구멍을 메워 캐리어가 소멸하고, 캐리어가 없는 영역인 **공핍층**이 생깁니다. 공핍층은 p형 측에도 n형 측에도 발생합니다.

p형 영역, n형 영역은 모두 원래 전기적으로 중성이지만, 캐리어가 적어져서 전하밸런스가 무너지고 그림2의 아래 부분과 같이 공핍층의 p형 측에는 마이너스 전하로, n형 측에는 플러스 전하로 대전하고 **내부 전위차**

(확산 전위라고도 함)가 발생합니다.

여기에 그림3과 같이 접합에 빛을 쬐면 빛에 의해 생성된 전자와 홀 쌍은 내부 전위차에 의해 분리되어 n형 측이 마이너스 전위, p형 측이 플러스 전위로 대전되고, 그 결과 **광기전력**이 양단에 나타나게 됩니다.

요점체크

- 반도체 pn접합을 만들면, 접합 계면에는 내부 전위차가 발생한다.
- 빛에 의해 생성된 전자와 홀은 내부 전위차에 의해 분리되어 광기전력이 발생한다.

[그림 1] 단일 반도체에 빛을 보내는 것만으로는 광기전력이 생기지 않는다.

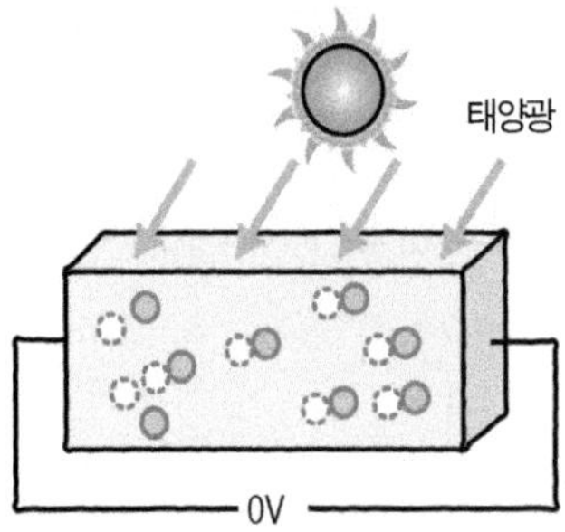

반도체에 빛을 보내는 것만으로는 광 캐리어가 분리하지 않기 때문에 양쪽에 기전력이 발생하지 않는다(빛을 쬐면 캐리어가 증가하고 전기가 잘 흐르도록 일어나므로 전지를 연결하면 광전 스위치에 사용할 수 있다).

[그림 2] pn 접합을 하면 경계면 부근에의 내부 전위차가 발생

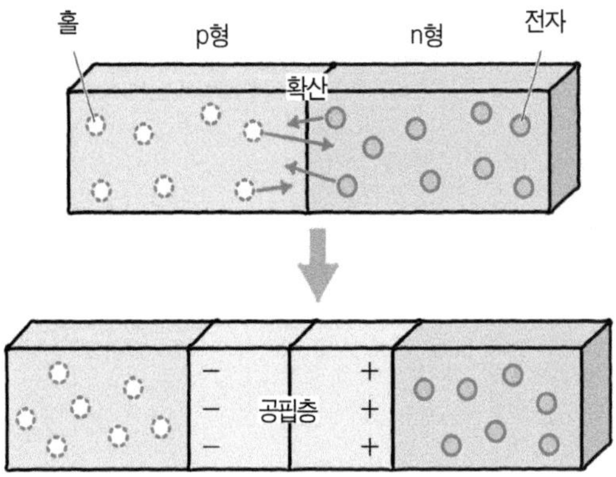

공핍층에는 전자도 홀도 없어졌기 때문에 p형 영역, n형 영역에서 전하 균형이 무너져서, p형 측에는 마이너스 전하, n형 측에는 플러스 전하로 대전되고 내부 전위차가 발생함

[그림 3] pn접합에 빛을 쬐면 광기전력이 발생

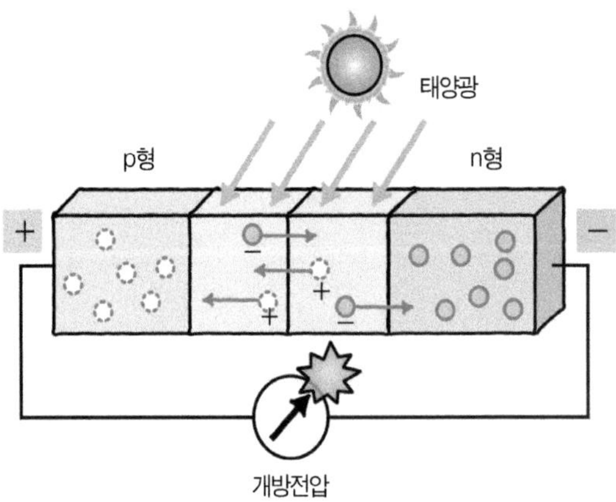

pn 접합에 빛이 닿으면 빛에 의해 생성된 전자와 홀이 내부 전위차에 의해 분리되어, n형 측이 마이너스, p형 측이 플러스로 대전되도록 전자 및 홀의 이동이 일어난다. 이것이 광기전력이다.

[012] 변환 효율은 어떻게 구할 수 있는가?

변환 효율은 태양 에너지의 몇 %가 전기 에너지로 바뀔 수 있는 지의 여부를 나타내는 태양 전지의 성능의 척도로 그림1 아래 부분의 식 ①과 같이 정의됩니다.

그림1의 그래프는 태양 전지의 출력 전압과 출력 전류의 관계입니다. 이 그래프에서 I_{sc}로 표시된 것은 **단락전류**입니다. 단락 전류는 그림1의 ①과 같이 태양 전지의 단자 사이를 전류계로 단락했을 때 흐르는 전류입니다. 한편, V_{oc}로 적은 것은 **개방전압**입니다. 개방전압은 그림1의 ②와 같이 태양 전지로부터 전류를 꺼내지 않고 전압계로 측정한 전압입니다. 꺼낼 수 있는 전력은 그림1의 파란색 사각형의 면적으로 표시되지만 실제 전압-전류 관계가 곡선으로 되어 있기 때문에 점선으로 표시된 사각형의 면적 V_{oc} x I_{sc}보다 작습니다.

그림1의 ③과 같이 태양 전지에 부하 저항 R_L을 연결했을 때 양단의 전압과 전류의 관계는 $I = V / R_L$로 표현되는 **부하 직선**이 됩니다. 이 부하 직선과 전압-전류 특성 곡선의 교차점에 내접하는 직사각형의 면적 V_m x I_m 이 최대로 하는 부하가 있으며, **최적 부하점**에서 **최대출력전력** P_{max}를 얻을 수 있다. 이 값을 **수광 전력**(태양광방사강도 E = 1kW/m^2와 태양전지 수광 면적 A의 곱)으로 나누어 백분율로 나타낸 것이 식 ①에 표시된 **변환 효율** η (에타)입니다. 수광 면적 A를 전극 등을 제외한 광전 효과가 발생하는 면적 Ai로 이용한 경우를 **진성변환효율** η_i, 태양 전지의 전체 면적 A_e를 이용한 경우를 **실효변환효율** η_e라고 합니다. 실효변환효율은 진성변

환효율의 80 ~ 90% 정도 됩니다. 최대 출력 전력 P_{max} 및 점선으로 표시된 면적 V_{oc} x I_{sc} 의 비율(식 ②)을 곡선인자(fill factor)이라 부르고, FF로 나타냅니다. 반대로, V_{oc}, I_{sc}, FF를 알면 식 ③에 따라 최대출력전력을 계산할 수 있습니다.

변환 효율은 작은 크기의 셀변환효율, 대면적의 모듈변환효율이 있습니다. 일반적으로 모듈 변환효율은 셀 변환효율의 70 ~ 80% 밖에 되지 않습니다.

요점체크

- 변환 효율은 태양 전지에서 꺼낼 수 있는 최대전력에 태양광 전력(방사강도 × 수광면적)에 대한 백분율로 표현한다.

[그림 1] 태양 전지의 전압-전류 특성

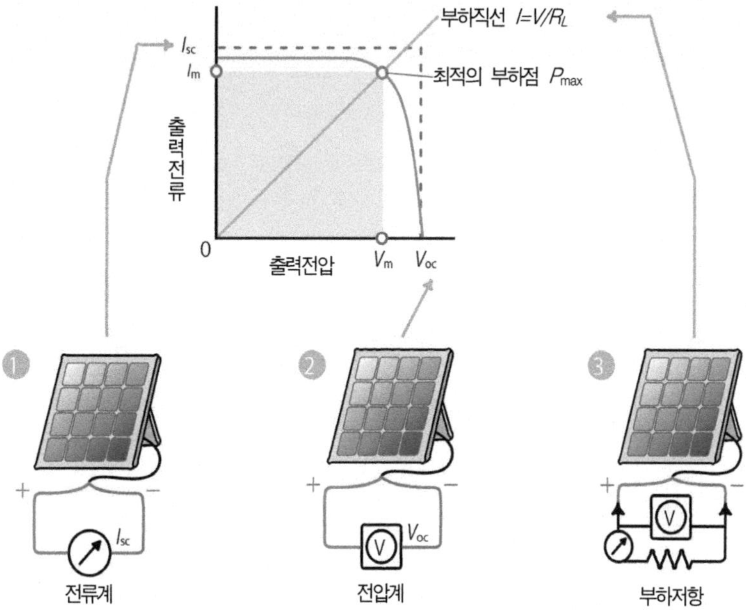

단락 전류 I_{sc}는 태양 전지를 단락시켰을 때 흐르는 전류이다.

개방 전압 V_{OC}는 태양 전지 출력단에 부하를 연결하지 않고 전류를 흘리지 않은 상태에서 측정 전압이다.

부하 직선은 부하 저항 R_L을 연결했을 때, 저항 양단에 나타나는 전압과 흐르는 전류의 관계를 나타낸다.

태양 전지의 전압-전류 특성 곡선과 부하 곡선과의 교점 내접하는 직사각형의 면적이 최대로 되는 부하 때가 최적의 부하점이고, 이때의 전력이 최대출력전력이다.

$$\text{변환효율 } \eta = \frac{\text{꺼낼 수 있는 최대의 전력 } P_{max}[kW]}{\text{방사강도 } E[kW/m^2] \times \text{수광면적 } A[m^2]} \times 100[\%] \quad (1)$$

$$\text{곡선인자(FF)} = \frac{P_{max}}{V_{OC} \times I_{SC}} \times 100[\%] \quad (2)$$

$$\text{최대출력전력} = \text{개방전압}(V_{OC}) \times \text{단락전류}(I_{SC}) \times \text{곡선인자(FF)} \quad (3)$$

[013] 변환 효율을 100 %로 못하는 이유

현재 태양전지의 변환 효율은 고작 20%입니다. 그러면 연구개발이 진행되면 100%의 변환 효율을 달성할 수 있을까요? 불행히도 단일 태양전지의 변환효율이 100%가 되는 일은 없습니다. 왜냐하면 그림1과 같이 몇 가지 손실 요인이 있기 때문입니다.

(1) 투과 손실

실리콘의 경우, 에너지 밴드갭에 해당하는 1.1μm보다 더 긴 파장의 빛은 투과해 버리므로, 태양광 중 15-25%는 전기로 변환할 수 없습니다.

(2) 광학요소(반사나 산란)에 의한 손실

표면 산란과 반사에 의해서 반도체에 들어가지 않는 빛은 변환할 수 없습니다.

실리콘 반사방지 코팅을 하지 않으면 입사광의 약 40%를 반사합니다. (제 4장에서 설명하는 대로 반사방지막이나 텍스튜어링 가공에 의해 개선 가능).

(3) 전압요인에 의한 손실

개방전압은 내부 전위차를 넘을 수 없기 때문에 그 차이가 손실됩니다.

이상의 손실을 제외한 것이 **이론최대변환효율**입니다. 이 값은 반도체 밴도갭에 의존하며, 실리콘은 26%, 갈륨 비소(GaAs)는 28%, CIS($CuInSe_2$)는 23%로 되어 있습니다. (이론최대변환 효율에 대해서는 제 6장을 참조).

실제 태양전지는 또한 그림1의 아래 부분에 보인 바와 같이, **재결합손실**, **주울 열손실**(반도체 벌크 내부의 전기 저항에 의한 발열) 등의 손실 요인 때문에 이상적인 값에 도달할 수 없습니다.

요점체크

- 입사광의 에너지는 전기로 변환되기 전에 여러 가지 이유로 손실된다.
- 전기로 변환 후에도 재결합과 전기저항손실이 있다.

[그림 1] 변환 효율을 낮추는 다양한 원인

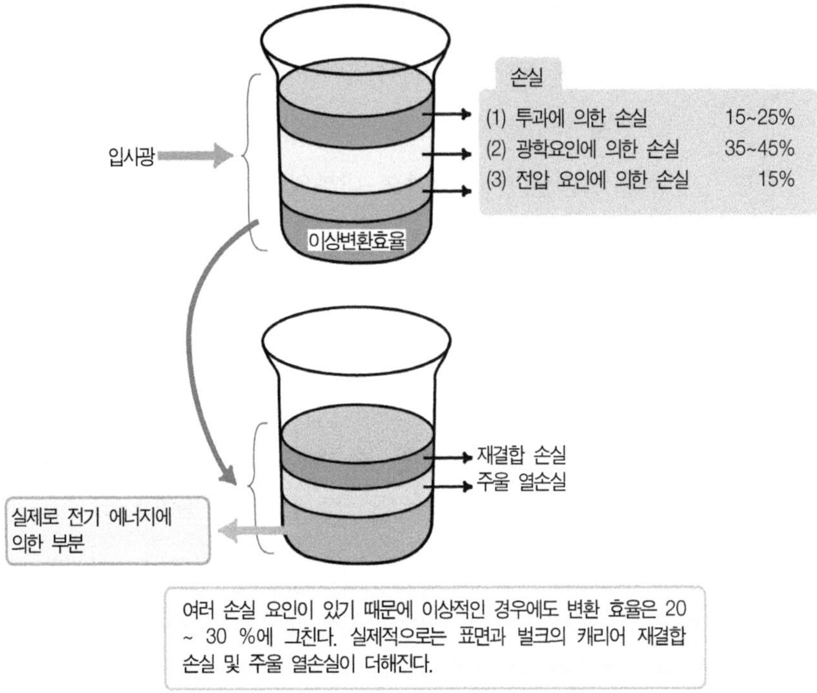

용어해설

밴드갭 : 반도체의 전자가 가질 수 에너지는 가전자대, 전도대라고 이름 붙여진 에너지 대역(밴드)에 한정되어 있다. 2개 밴드 사이의 에너지 범위를 밴드갭이라고 부르고, 순수한 반도체는 극저온에서 가전자대에만 존재하고 전도대는 비어있게 된다. 온도가 높아지면 전자는 열에너지에 의해 밴드갭을 뛰어 넘어 비어 있는 전도대로 날아서 움직일 확률이 생긴다. 밴드 및 밴드갭에 대한 자세한 설명은 제 5장(057) 이상을 보라.

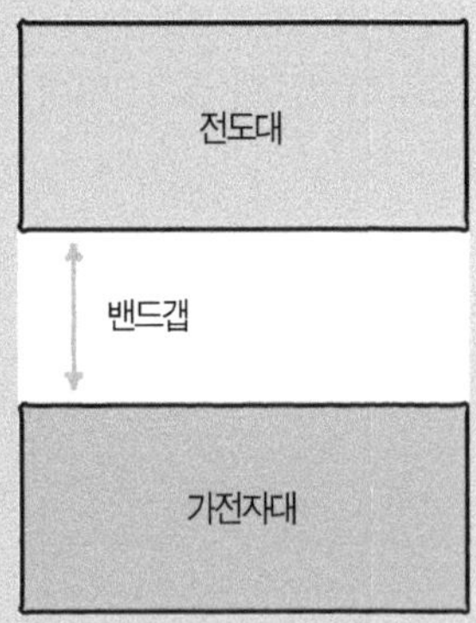

재결합 손실 : 빛에 의해 p형 영역에서 생성된 전자가 p형 영역의 다수캐리어인 홀과 결합하여 소멸하고, n영역에 생성된 홀이 전자와 결합하여 소멸하여, 광기전력을 초래하지 않는 손실. 자세한 내용은 (077) 참조

[014] 솔라패널(태양전지 모듈)은 다수의 셀로 구성되어 있다.

그림1의 (a)는 집 지붕에 설치한 태양전지를 보여줍니다. 이것은 **태양전지 어레이**라고 하며, **태양전지 모듈**을 조합하여 만든 패널입니다. 태양전지 어레이는 (b)와 같이 모듈을 직렬/병렬로 연결하여 구성됩니다. (c)에 나타낸 태양전지 모듈(028 참조)은, (d)의 **태양전지 셀**을 그림2와 같이 직렬로 연결하고 있습니다.

왜 셀 → 모듈 → 어레이라는 단계를 취할까요? 그것은 셀(태양 전지) 1 개로는 **출력 전압이 높지 않기** 때문입니다. 실제 셀 전압(개방전압)은 반도체에 의해 정해져 있고, 건전지의 전압보다 낮은 1V 미만, **결정형 실리콘으로 0.8V** 밖에 되지 않습니다. 이것을 25 개 직렬로 연결한 모듈의 출력 전압은 20V입니다. 그림2에 표시된 8직렬 5병렬 어레이에서는 직렬로 연결한 모듈 열(로드)의 출력 전압은 160V가되어 전력선의 전압과 동일한 수준입니다.

또한, 한 변의 길이가 10cm의 정사각형 셀(면적 100cm^2) 를 흐르는 전류는 겨우 4A입니다. 이 값은 직렬로 연결하는 것만으로는 증가하지 않습니다. 흐르는 전류를 증가시키기 위해서는 병렬로 연결해야 합니다. 예를 들어, 5개의 모듈 열을 병렬로 하면 20A도 흐르게 됩니다.

이렇게 8직렬 5병렬로 배열함으로써, 160V, 20A 즉 약 3kW 태양광 발전기가 되는 것입니다. 다만, 태양전지판의 출력은 직류이며, 가정에서 사용하는 전력선는 교류이기 때문에, 이대로는 전력선에 연결하여 사용할 수 없습니다. 나중에 언급할 **파워컨디셔너**(PCS)가 있어야 비로소 전력 회사의 배전선에 연결하는 것이 가능합니다. 파워컨디셔너는 직류를 교류로 바꾸는 것만 아니라 전력 계통에 연결할 수 있도록, 전압・주파수・위상 조정을 실시하고 있습니다.

요점체크

- 셀의 출력 전압은 낮기 때문에 직렬로 연결하여 전압을 얻는다.
- 모듈을 직접/병렬로 연결하여 필요한 전력량을 얻는다.

[그림 1] 태양전지모듈과 태양전지어레이

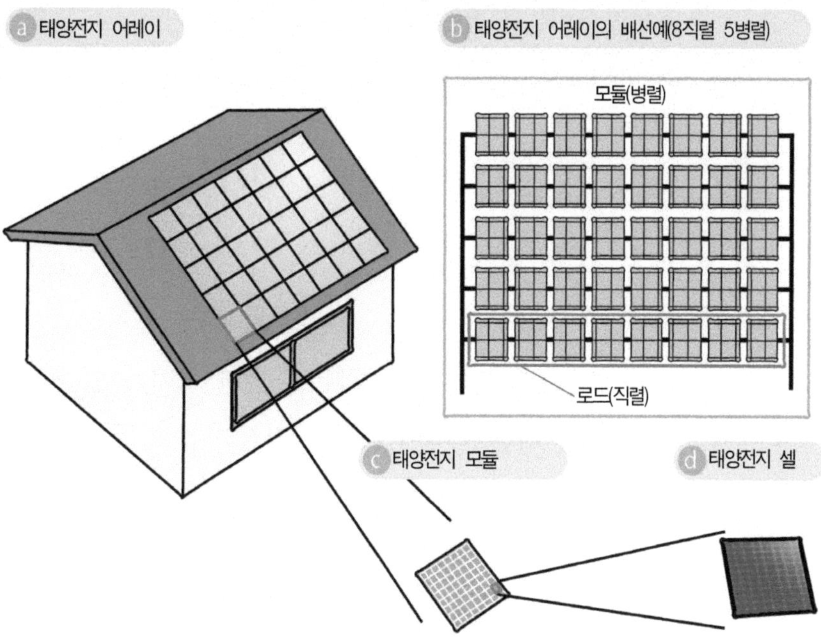

태양전지 셀을 직렬/병렬로 연결한 것이 모듈이며, 모듈을 직렬/병렬 연결한 것이 어레이이다.

[그림 2] 모듈을 직렬로 연결하면 고전압을 얻을 수 있다.

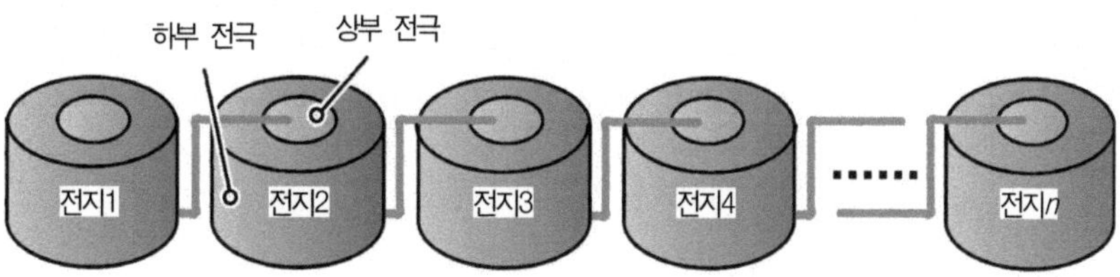

하나의 전지 전압이 낮기 때문에 건전지를 직렬로 연결하는 것과 마찬가지로 몇 가지의 전지를 직렬로 연결하여 필요한 전압을 얻는다.

[015] 하나의 솔라패널(태양전지 모듈)에서 얼마나 발전할 수 있는가?

솔라패널(태양전지 모듈)에는 다양한 크기가 있습니다. 제조 회사에 따라서 또는 사용 목적에 따라 달라집니다. 또한 발전 전력은 재료(실리콘, GaAs, CIS 등)와 형태(단결정, 다결정, 박막)에 따라 달라집니다.

예를 들어 S사의 카탈로그에 따르면, 다결정 실리콘 고출력형(a : 외형 1650 x 994mm^2)은 최대 출력 210W이며, 단결정 실리콘 고출력형은(b : 외형 1318 x 1004mm^2)에서 180W로 되어 있습니다.

1m^2 당 환산하면, 다결정에서는 128W/m^2, 단결정 제품에서는 136W/m^{2}입니다. 지상 1m^2 면적에 남중일 때, 바로 위에서 쏟아지는 태양의 파워는 약 lkW/m^2 이기 때문에, 받은 빛의13 ~ 15 % 정도 밖에 전기 변화하지 않았다는 것을 예를 통하여 알 수 있습니다 (이것이 **실효모듈변환효율**임). 실리콘 태양 전지의 **셀 변환 효율**은 20 % 정도 되는데, 실효모듈변환효율이 하락하는 원인은 ① 셀을 나란히 모듈에 부착하려할 때 생긴 틈, ② 전극 아래에 빛이 닿지 않는 것, ③ 모듈 바깥에 프레임이 필요하므로 실효면적이 작아진 것 등입니다.

결정형 실리콘 기판 위에 박막 비정질 실리콘을 형성한 하이브리드형 **HIT 태양 전지 모듈**(C : 외형 1320 x 895mm^2)의 출력은 180W이고 1m^2 당 고치면 152W/m^{2}입니다. 화합물 반도체 계열 태양전지 모듈은 더 많은 전력을 생산합니다. 예를 들어, 2009 년 호주 경주에서 우승한 도카이 대학 팀의 솔라파워에 탑재된 InGaP / lnGaAs / Ge 태양 전지 (그림 2)의 변환 효율은 35 %라는 높은 값이었습니다. 이 전지는 우주에도 사용되지만, 비용이 높은 것이 단점입니다.

또한, 토카이 대학 팀은 2011 년 경주에서도 우승했지만 이에 탑재된 것은 HIT 태양전지 모듈 (변환효율 22 %)이었습니다.

요점체크

- 결정형 실리콘 태양전지 패널은 1m^{2}당 130W정도 발전한다.
- 하이브리드 실리콘 태양전지 패널은 1m^{2}당 150W발전한다.

[그림 1] 형태별 솔라패널의 성능

ⓐ 다결정실리콘 고출력 타입 ⓑ 단결정실리콘 고출력 타입 ⓒ HIT 타입

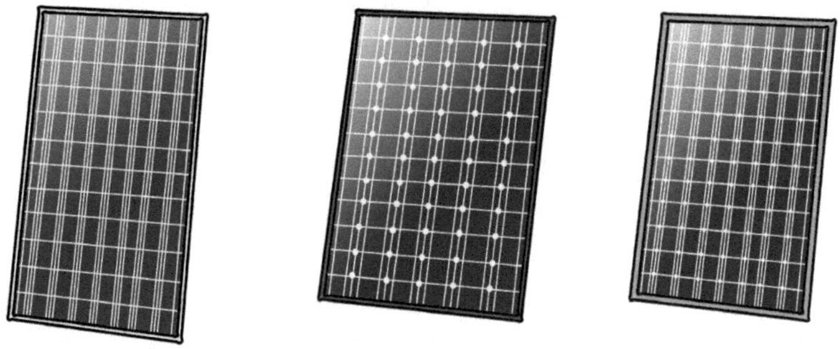

ⓐ	ⓑ	ⓒ
외형1650x994mm 최대출력 210W	외형 1318x1004mm 최대출력 180W	외형 1320x895mm 최대출력 180W

[그림 2] 호주 레이스에서 우승한 도카이 대학팀 솔라자동차

이 솔라자동차는 화합물 반도체계의 InGaP/InGaAs/Ge 태양전지를 탑재하였다.

용어설명

단결정 : 재료 전체에 걸쳐서 배열 방위와 반복 주기가 일정하게 유지되고 있는 결정
다결정 : 재료가 몇 가지 그레인(결정립)으로 나눠나, 하나하나의 결정립은 단결정과 같음
비정질 : 원자와 분자의 배열이 일정하지 않으며 원자 간의 결합 길이와 각도로 변하는 재료

[016] 여름 반짝이는 태양은 아주 좋다고 생각했는데, 태양 전지는 더위에 약하다.

여름은 일조 시간이 길고 일사강도 크기 때문에 태양전지에 유리하다고 생각되고 있습니다. 확실하게 7 ~ 8월 발전량은 다른 달 발전량에 비해 약간 커지고 있지만 반드시 월등히 크지 않습니다. 이것은 무엇 때문일까요? 사실은 태양 전지가 더위에 약한 사정이 있기 때문입니다.

그림1은 한 여름의 화창한 날에 필자의 가정에서 태양전지 모듈의 온도와 외부 온도의 시간 변화를 보여줍니다. 통풍을 고려한 설치에도 불구하고, 바깥 기온내 최고치는 33℃이지만 모듈 온도는 61°C로 되어 있습니다.

그림2는 다결정 실리콘 태양 전지의 최대 출력 P_{max}의 온도 의존성을 나타냅니다. P_{max}는 1°C 당 0.66 %의 비율로 감소합니다. 모듈 온도의 최고치 61°C 및 표준 온도 25°C의 차이는 36°C 있기 때문에 출력은 0.66 x 36 = 23.8% 나 감소하는 것입니다. 본래라면 3kW 이어야 할 출력이 실제로 2.3kW 라는 것입니다.

왜 온도가 높아지면 출력이 저하하는 것입니까? 이것은 태양전지가 반도체의 pn접합 다이오드이기 때문에 발생합니다. 태양 전지의 작동상태 (010 그림3)는 어두운 상태 (010 그림2) 다이오드에 역방향 전압을 가한 상태에 해당합니다. 온도가 높을수록 다이오드의 역방향 전류가 증가하여 출력 전압이 감소하는 것이 주된 원인이라고 생각합니다.

따라서, 패널을 지붕에 띄워 설치하는 등의 방법으로 통풍을 연구하여 온도 상승을 최대한 억제하고 있습니다.

그밖의, HIT 태양전지는 표면층의 비정질 실리콘의 밴드 갭이 넓기 때문에 온도 상승의 영향을 받기 어렵다고 여겨지고 있습니다.

요점체크

- 여름에는 모듈 온도가 높기 때문에 20 % 이상 출력이 감소함
- 온도가 높아지면 접합의 역방향 전류가 증가하여 출력전압이 감소함

[그림 1] 모듈 온도와 외부 대기 온도의 시간 변화

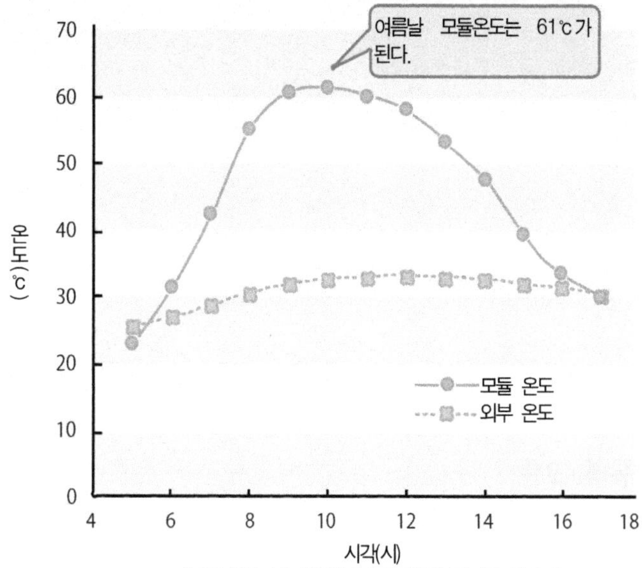

(여름 맑은 날, 2005년 8월 20일 필자의 집에서)

[그림 2] 다결정 실리콘 태양 전지의 온도 특성

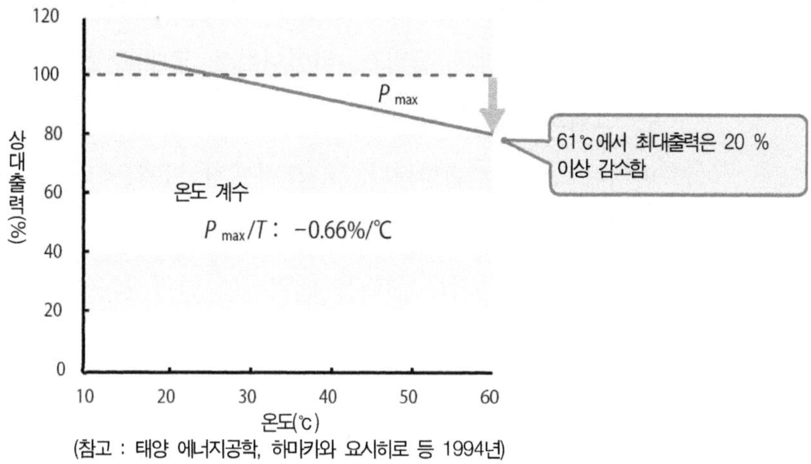

(참고 : 태양 에너지공학, 하마카와 요시히로 등 1994년)

[017] 솔라패널을 가전제품에 직접 연결하여도 동작하지 않는 이유

직류와 교류

건전지나 축전지의 전기는 양극에서 음극을 향해 일방적으로 흐르는 성질를 가집니다. 극성이 바뀌는 경우는 결코 없습니다. 이러한 전기의 흐름을 **직류**라고 합니다. 태양 전지의 출력도 직류입니다. 직류는 그림1과 같이 시간에 따라 부호가 바뀌는 것은 없습니다.

전력 회사의 배전선(전력선)에서 오는 전기는 **교류**입니다. 교류는 시간이 지남에 따라서 플러스, 마이너스가 교대로 반복되는 전류입니다. 교류는 그림2와 같이 시간에 따라 전류가 정현파의 형태를 하고 플러스로도 마이너스로도 변화합니다. 초당 부호가 바뀌는 빈도를 **주파수**라고 합니다. 배전선의 주파수는 동일본에서는 50Hz, 서일본은 60Hz입니다.

태양 전지의 직류 전력을 전력선에 연결 사용하려면 교류로 변경할 필요가 있습니다.

또한 전력선에 오고 있는 교류 전압과 진폭과 주파수 및 위상을 모아줄 필요가 있습니다. 이것이 파워 컨디셔너의 역할입니다(그림3). 여기에는 직류를 교류로 변환하는 인버터라는 장치가 들어 있습니다.

최근에는 전원에 직류가 사용되는 가전 제품도 나오고 있습니다. 그래서 일부러 직접 직류를 교류로 바꾸지 않고, 직류 상태로 흐르는 **직류 송전**도 검토되고 있고, 실증 실험이 행해지고 있습니다.

또한 전선의 전기 저항이 제로인 고온초전도 케이블의 직류 송전에 대한 실증 실험이 이루어지고 있으며, 송전 손실은 교류 초전도 송전의 1/10이 된다고 합니다. (참고 : SEI WORLD 2010년 4월호 vol.391)

요점체크

- 태양 전지의 출력은 건전지와 같은 직류
- 직류를 교류로 바꾸는 데에는 파워컨디셔너가 필요

[그림 1] 직류 전류는 시간에 따라 부호가 변하지 않는다.

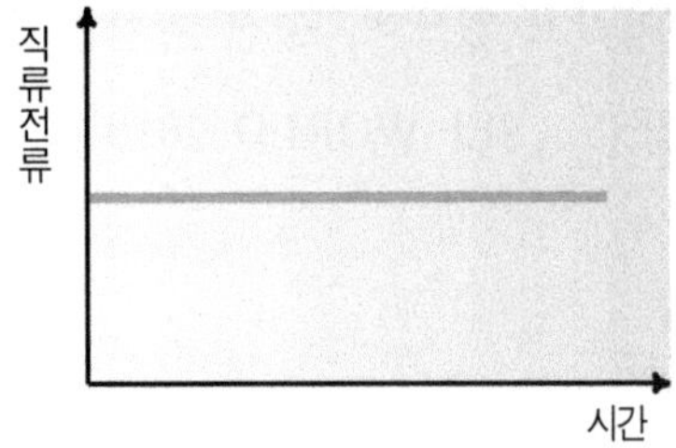

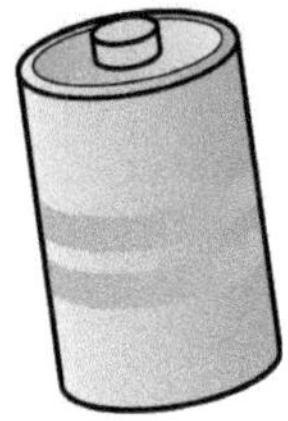

직류 전지의 플러스와 마이너스가 바뀌는 일은 없다.

[그림 2] 교류전류는 시간에 따라가 변화한다.

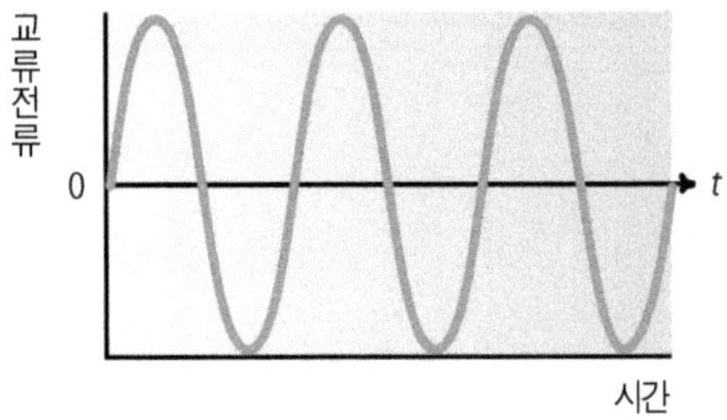

전력선의 교류 전류의 크기와 부호는 그래프와 같이 시간에 따라 변함.

[그림 3] 다락방 등에 들어가는 파워 컨디셔너

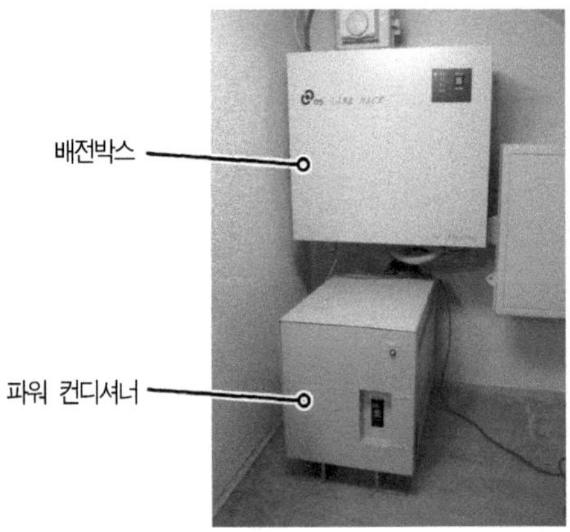

파워 컨디셔너는 작기 때문에, 다락방 골방에 들어갈 수 있다.

COLUMN

송전선에 교류를 사용하는 이유

같은 전력을 보내는데 높은 전압을 사용하면 적은 전류면 됩니다. 전류가 적게 하면 송전선에서의 전력 손실이 적기 때문에(송전선의 전기 저항을R, 전류를 I라고하면 전력 로스는 I^2R임), 장거리 송전이 가능하게 되는 것입니다. 예를 들어 수도권에서 200km나 떨어져는 카시와자키 카리와 원자력 발전소에서 전력을 가져올 때, 100만 볼트(100kV)라는 높은 전압으로 송전되고 있습니다.

교류에 있으면 변압기(트랜스)라는 간단한 장치를 사용하여 쉽게 전압을 올리거나 내릴 수 있습니다. 가정 근처에서도 6600V의 고압선에서 변압기 200V, 100V로 강압하여 가정에 분배합니다.

이전에는 직류 전압을 올리거나 내릴 때 변압기를 사용할 수 없기 때문에, 직류 배전은 쉽지 않았습니다. 그래서 배전선에 교류가 사용된 것입니다. 지금은 전력전자 기술이 발전하여 직류전압을 자유롭게 올리거나 내리는 직류배전도 검토되고 있습니다.

02

태양전지 요소기술 (중급편)

이 장에서는 태양전지의 제조에 관하여 결정성장, 박막성장, pn접합형성, 반사방지, 투명전극형성, 모듈화, 평가기술 등 다수의 요소기술에 대하여 배울 수 있다.

[018] 태양전지 셀에는 많은 기술이 사용되고 있다.

태양전지의 제작에는 그림1에 표시된 바와 같이 많은 요소 기술이 사용되고 있습니다. 태양 전지는 반도체 소자이기 때문에 먼저 **반도체 재료제작 기술**이 필요합니다. 여기에는 단결정 성장 기술(실리콘은 019에, 갈륨비소는 022에 서술), 다결정 제조 기술 (020에 서술), 박막의 성막 기술(021에 서술)등이 있습니다. 또한 단결정이나 다결정을 얇게 써는 기술(021에 서술)과 절단면을 식각 처리하는 기술도 필요합니다.

하나의 반도체로는 조그만 전기도 만들어 내기 어렵습니다. p형 반도체와 n형 반도체의 커플을 만들어야 빛으로부터 발전할 수 있습니다. 이 pn **접합을 형성**하는 데에는 **불순물 도핑 기술**이 필요합니다. 결정형 반도체에서는 p형 기판 결정에 n-도핑 수법을. 또는 n형 기판 결정에 p-도핑하는 수법을 사용합니다. 태양광을 최대한 반도체로 이끌기 위한 **반사 방지 기술**(024에 서술)과 **텍스튜어링 형성 기술** (025에 서술) 등도 있습니다.

태양전지에서 전류를 얻기 위해서는 **전극형성 기술**이 필요합니다. 수광면의 전극에는 작은 조각 형태의 금속 전극을 붙이는 경우와, 투명도전막(023에 서술)를 사용하는 경우가 있습니다. 한편, 뒷면전극에도 연구(076에 서술)가 필요합니다.

빛이 반도체에 만든 광캐리어가 발전에 기여하지 않고 사라질 수 있습니다. 예를 들어, p형 실리콘에 빛이 전자를 생성했지만, 주위에 있는 다수캐리어인 홀과 결합해버리면, 잃게 됩니다. 이것을 **재결합 손실**이라고 합니다. 이 현상은 반도체의 표면에서 발생하기 쉬우므로 **표면보호막 기술**(표면을 불활성하는 기술)에 의해 방지될 수 있습니다. 이외에 모듈하기 위한 기술 (028에 서술), 제작된 셀 및 모듈의 발전 특성을 평가하는 기술(029에 기술), 면내 균일성을 평가하여 구조가 제대로 되어 있는 가의 평가 등이 필요합니다.

요점체크

- 태양 전지의 제작에는 반도체 제작, 셀형성, 셀평가 등의 기술이 있고, 그들의 종합기술에 의하여 셀의 형성이 가능하다.

[그림 1] 태양전지 제작 공정에 사용되는 요소 기술

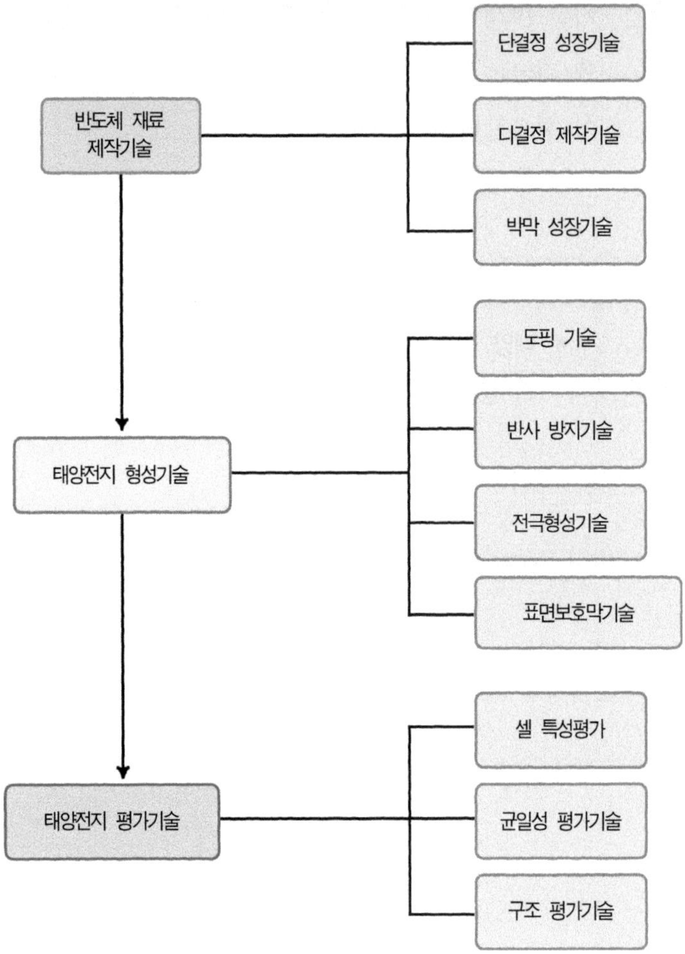

용어해설

에칭처리 : 화학약품 등의 부식작용을 응용한 반도체 가공 및 표면 처리방법.

도핑기술 : 반도체에 불순물을 주입하고 온도를 올려 열적으로 불순물을 확산하여 반도체 원자 부분을 불순물로 대체하여 전자 또는 홀을 도입하는 기술.

[019] 고품질 단결정 실리콘 성장법 부유대역법과 쵸크랄스키법

단결정 실리콘은 고순도 실리콘 원료를 이용하여 부유대역(FZ :floating zone)법, 또는 쵸크랄스키(CZ:Czochralski)법을 이용하여 성장시킵니다.

부유대역(FZ) 법

부유대역법이라는 것은 그림1에 표시된 것과 같이 원료 분말을 굳혀 만든 다결정체 로드의 일부를 히터 또는 고주파 코일로 부분적으로 가열·융해하는 결정성장법입니다. 이렇게 부분적으로 융해되는 영역을 대역(영역)이라고 합니다. 대역을 가장자리에서 이동시켜 가며 하단에서 결정화합니다. 대역에서 고형화할 때 편석에 의해 불순물이 대역 내에 남아있기 때문에, 결과적으로 제품의 순도가 높아집니다. 대역이 상단까지 도달하면 결정 성장이 종료됩니다. 이 부유대역법으로 얻어진 결정은 융액이 도가니에 접해있지 않기 때문에 가장 고순도 고품질이며, 이것을 사용한 것은 태양전지 셀 및 모듈에서 가장 높은 변환 효율을 나타낸다고 보고되고 있습니다. 그러나 대구경의 것을 얻는 것은 어렵기 때문에 비용이 높고 연구용으로밖에 사용하지 않습니다.

쵸크랄스키(CZ) 법

쵸크랄스키법이라는 것은 그림2와 같이 물건을 도가니에 넣어 히터로 가열·융해하여 용액에 씨결정을 담가 회전시키면서 끌어 올리면서 결정을 성장시키는 방법입니다. 씨결정에서 성장을 시작하는 부분에는 다수의 전위(결정의 규칙적 원자 배열의 차이의 경계선)가 존재하기 때문에 이것을 전파하지 않기 위하여 "네킹"이라는 잘록한 부분을 붙이는 일을 하고 있습니다. 융액이 도가니에 접하고 있기 때문에 CZ방법 결정은 FZ법에 비해 품질이 떨어지지만, 대면적 웨이퍼를 얻을 수 있으므로, 반도체 집적회로의 기판이나 보급형 단결정 실리콘 태양전지의 실리콘 결정은 CZ법으로 제작되고 있습니다.

요점체크

- 실리콘 단결정은 FZ법, CZ법에 의해 융액에서 응고하여 제작된다.
- FZ 단결정은 고품질이지만 높은 비용, CZ 단결정은 품질은 떨어지지만 저렴한 비용이다.

[그림 1] 부유대역(FZ)법

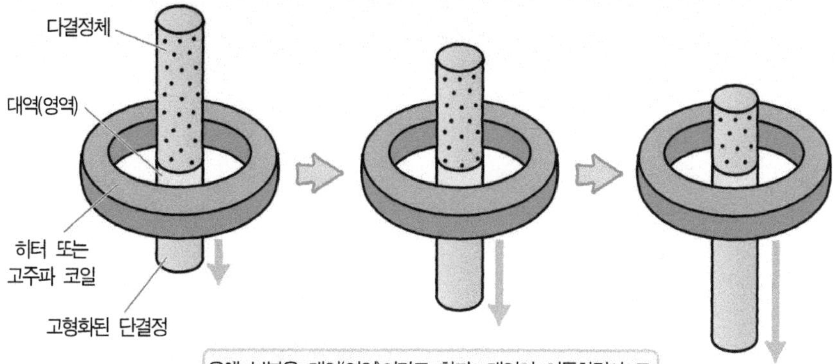

융해 부분을 대역(영역)이라고 한다. 대역이 이동하면서 고형화되고 결정화한다. 벽에 닿지 않기 때문에 순도가 높다.

[그림 2] 쵸크랄스키(CZ) 법

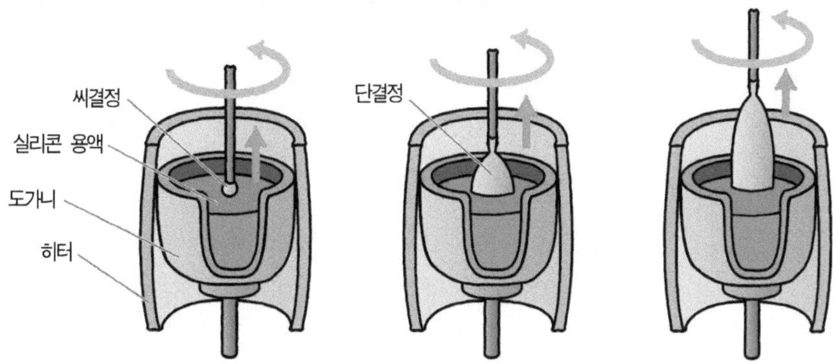

도가니 내부 용액에 씨결정을 달아 회전시키면서 끌어올려서 결정화시킨다. 큰 면적의 결정을 얻을 수 있지만, 도가니에서 불순물이 녹아 들기 때문에 순도가 떨어진다.

용어해설

편석 : 반도체, 금속과 그 합금에 불순물 또는 성분 원소의 분포가 불균일하게 되는 현상. 용액의 고형화할 때, 어떤 온도 평형상태에서 액체상에 포함되어 있는 불순물의 농도는 일반적으로 고체상에 포함된 불순물의 농도보다 높기 때문에 결정에 유입되는 불순물 농도가 떨어지게 됨.

[020] 다결정 실리콘 잉곳은 실리콘 주물

태양전지용 다결정 실리콘은 **주조(캐스트)** 법으로 제작된 실리콘 주물입니다. 주조법이라는 것은 주형(도가니)에 실리콘 용액을 넣어 고체화시키는 것으로 잉곳(가공에 제공되는 금속이나 반도체 재료의 덩어리)을 제작하는 방법입니다. 그림1의 (a)와 같이 도가니에 융액을 넣고, 위쪽은 고온, 하부는 저온의 온도 구배를 붙입니다. 그러면 (b)에서와 같이 바닥에서 결정핵이 발생하고 성장하고 융합하여 **결정립**으로 성장하게 됩니다. 결정립 및 결정립계는 **입자 경계**가 형성됩니다. 더 성장하면 결국 전체 다결정 잉곳이 됩니다. 도가니 내면에는 잉곳을 도가니에서 쉽게 꺼낼 수 있게 이형제로 질화 규소가 도포되어 있습니다. 이형제에서 불순물이 유입되는 것이 있을 수 있기 때문에 다결정 실리콘은 단결정 실리콘에 비해 아무래도 순도가 떨어집니다.

또한 단결정은 (019)에서 언급했듯이, 전위가 유입되지 않도록 고안되어 있습니다만, 주조 다결정 실리콘은 결정 입계가 있기 때문에, 여기에서 전위가 발생하여 전파 해 나가는 경우가 있습니다. 이 입자 경계에서 결합이 끊어진 상태로 되어 있으며, 광 캐리어를 붙잡고 놓지 않으므로 표면보호(불활성화)의 과정이 중요합니다.

다결정 태양전지에는 낮은 품질의 태양전지급 실리콘(SGS)이면 충분

태양 전지에 사용되는 실리콘은 표1과 같습니다. LSI에 사용되는 반도체급 실리콘과 같은 고순도일 필요는 없습니다. 태양전지급 실리콘(SGS : Solar Grade Silicon)은 반도체급 실리콘에 비하여 약 1000배의 불순물을 포함하고 있어도 좋은 것이 그 예입니다. 그 한 예가 그림2와 같은 장치를 이용하여 대량의 실리콘을 얻는 방법입니다. 이것은 종(種)이 되는 미립자 분말을 유동화 기상화학증착(CVD)에 의해 미립자 분말 표면에 실리콘을 증착하는 방법으로 유동층법이라고 부르고 있습니다.

요점체크

- 다결정 실리콘 잉곳은 주조법으로 만들어진다.
- 태양전지는 낮은 등급의 SGS로 충분하지만, 저비용화는 향후 과제이다.

[그림 1] 주조(캐스트) 법으로 만드는 다결정 성장 과정

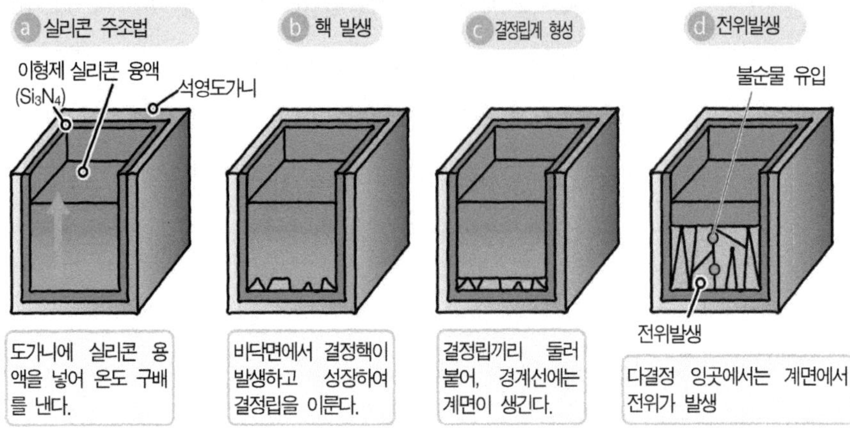

[표 1] 각종 실리콘에 함유된 불순물

분류	불순물농도	용도
금속급 실리콘	100분의 1	원료
태양전지급 실리콘	100만분의 1	태양전지
반도체급 실리콘	10억분의 1	LSI칩, CCD

[그림 2] 태양전지급 실리콘 제작법의 제안

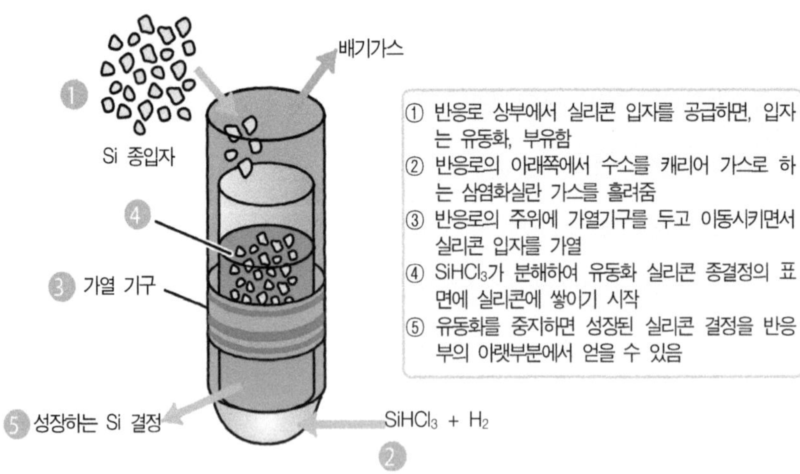

[021] 동일한 실리콘에서도 결정계와 박막계 태양전지의 제조 공정은 근본적으로 차이가 남

그림1은 결정계 실리콘 태양전지 제조공정, 그림2는 박막계 실리콘 태양전지 제조공정의 개요를 보여 줍니다.

결정계

단결정계의 경우에는, 단결정 잉곳을 다이아몬드 와이어 커터 등으로 얇게 썰어서 웨이퍼 가공하고 태양전지의 제작공정(불순물의 확산으로 pn 접합을 형성하고, 전극을 형성하는 등)을 수행합니다. 웨이퍼의 두께는 0.2mm 정도입니다.

다결정계의 경우에는 단결정 잉곳의 양단부나 또는 절단 부스러기를 다시 융해하여 고체화하는 다결정 잉곳(말하자면 실리콘 주물)을 얇게 썰어서 웨이퍼로 가공하여 태양전지로 제작합니다. 웨이퍼의 두께는 0.3mm 정도입니다.

박막계

박막계 실리콘 태양전지는 그림2에 보인 바와 같이 유리나 플라스틱 기판에 코팅한 투명 도전 막을 레이저 가공에 의해 절단하여 태양전지 셀을 분리하고 그 위에 몇 um의 얇은 반도체 막을 p층, i층 (불순물을 첨가하지 않는다고), n층의 순서로 플라즈마 CVD 또는 스퍼터링 등의 방법으로 쌓고 또한 뒷면 전극을 붙여 완성합니다. n층 위에 비결정 실리콘을 이용하는 경우도 있습니다. 이러한 박막형의 경우에는 재료의 제조와 태양 전지를 만드는 프로세스가 일체가 되어 있습니다.

하이브리드계

이것은 HIT **태양전지**라고 하며, 단결정 기판의 양면에 얇은 박막 실리콘을 증착시켜서 p-i 접합 또는 n-i 접합을 형성하는 고효율 태양전지입니다. 이 태양 전지에서 박막 실리콘의 역할은 박막을 증착하는 데 사용되는 수소가 표면에 있는 결함을 불활성화시켜서 효율성을 높이는 효과가 아닐까 하고 있습니다.

요점체크

- 결정계에서는 결정 웨이퍼에 pn 형성 공정을 사용하여 제작한다.
- 박막계에서는 투명 투명전극 또는 투명 절연체 기판에 pin 접합을 형성한다.

[그림 1] 단결정계/다결정계 실리콘 태양전지 제조공정

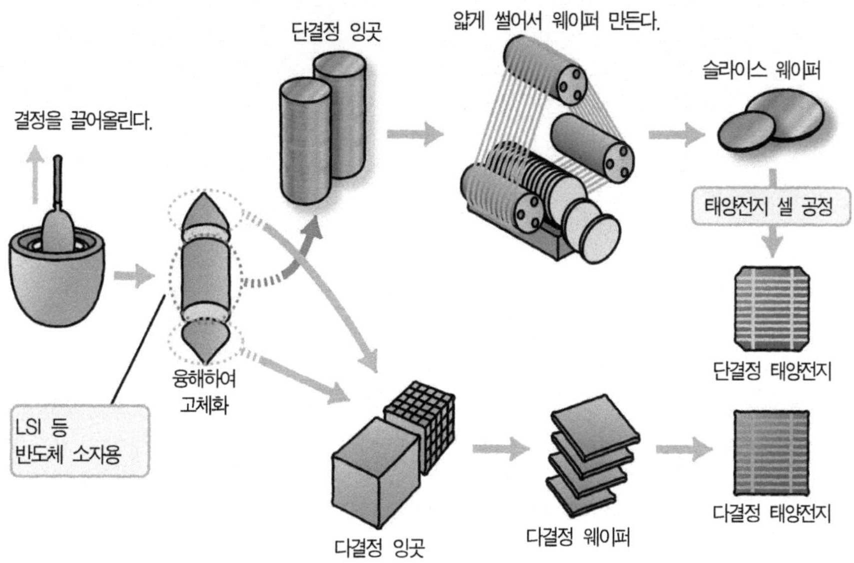

[그림 2] 박막계 실리콘 태양전지 제조공정

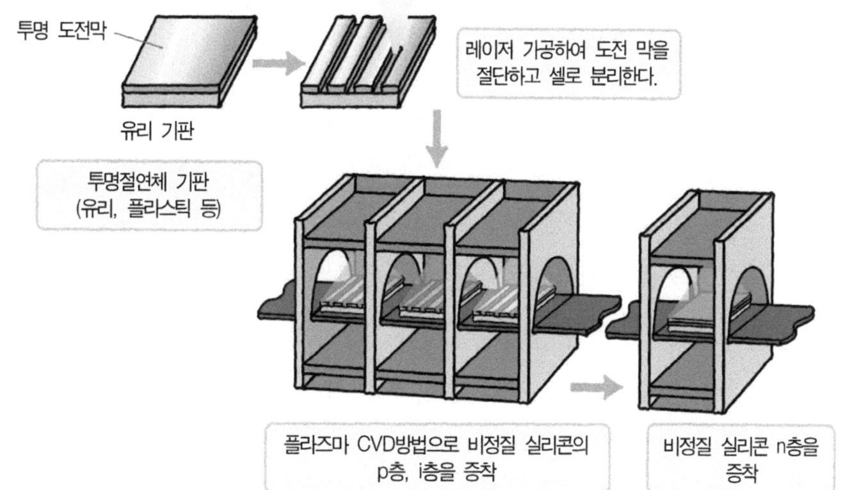

용어해설

플라즈마 CVD : 방전을 이용하여 SiH_4, Si_2H_6 등의 가스를 분해하여 실리콘 기판에 증착하는 방법

스퍼터 : 방전에 의해 고체 타겟을 이온으로 부딪쳐서 실리콘 기판에 증착하는 방법

[022] 갈륨비소의 단결정은 융액을 고체화시켜서 만든다.

갈륨비소(GaAs)와 그 동료인 Ⅲ-Ⅴ족 화합물 반도체를 이용한 태양전지는 변환효율이 높기 때문에 위공 위성이나 태양전지 자동차에 사용되고 있습니다. 그러나 GaAs를 성장할 때 비소가 빠져 나와서 결함이 있는 문제가 있기 때문에 비소 누락을 억제하는 연구가 이루어지고 있습니다. 그 밖의 Ⅲ-Ⅴ족 화합물 반도체는 제 4장 (047) ~ (049)을 참조하십시오.

액체 봉지 쵸크랄스키(LEC) 법

GaAs 단결정의 성장은 주로 **액체봉지 쵸크랄스키(LEC)법**이 사용됩니다. GaAs 단결정 기판의 대부분은 이 방법으로 제작되고 있습니다. 그림 1은 LEC의 단면을 모식적으로 나타낸 것입니다. 이것은 기본적으로 쵸크랄스키(CZ)법과 같이 끌어서 올리는 방법이지만, As 의 증발을 억제하기 위해서 삼산화 붕소(B_2O_3 : 고온에서 액체)에서 GaAs 융액(융점 1,238℃)에 뚜껑을 하고 고압 용기 안에서 1 기압 이상 으로 가압 상태에서 인상되는 것이 특징입니다. GaAs 융액은 질화 붕소 (BN) 또는 석영 (SiO_2)의 도가니에 넣어지고 결정은 인상 배럴에 붙여서 회전시키면서 위쪽으로 올립니다. LEC 방법은 대구경 결정 성장에 적합하지만, 전위(위치가 바뀜)가 발생하기 쉽기 때문에 끌어 올리는 속도 조정 등으로 전위를 방지하기 위한 방안이 연구되고 있습니다.

수평 브리지맨 (HB) 법

GaAs 단결정은 수평 브리지 맨 (HB : horizontal Bridgman) 법에서도} 제작됩니다. 그림 2와 같이 GaAs 성분을 석영 보트에 두고 녹는점 이상으로 가열하여 용해시킨 후, 온도 구배가 있는 용광로에서 비소와 석영 보트를 넣은 앰플을 이동시키면 종결정의 로에서 고화하여 성장합니다. HB 법으로 제작한 결정의 단면은 포트 형상을 반영한 반원입니다. HB 결정은 전위 밀도가 낮습니다만 대구경 결정을 얻기 어려운 것이 단점입니다.

요점체크

- GaAs 단결정은 주로 액체 봉지 쵸크랄스키 법으로 제작된다.
- GaAs 단결정은 수평 브릿지맨법에서도 제작할 수 있으며, 낮은 전위 밀도를 나타낸다.

[그림 1] 액체봉지 쵸크랄스키(LEC)법으로 GaAs 단결정 성장

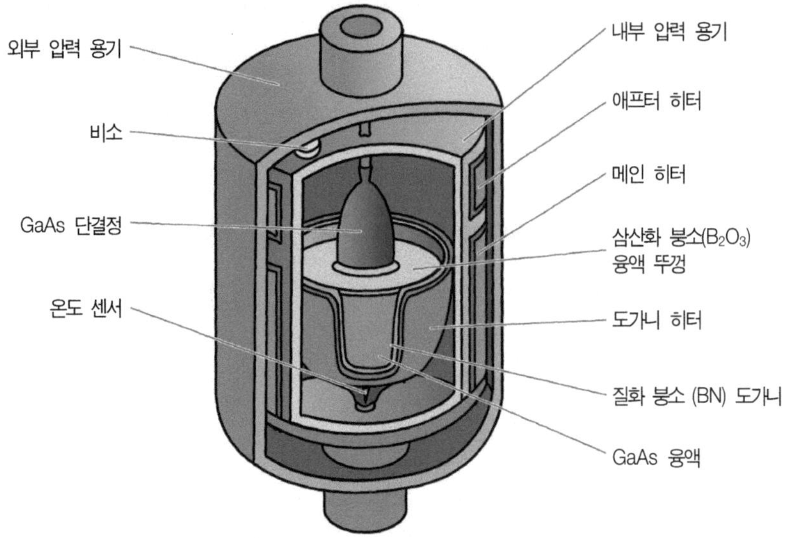

LEC법에서는, 삼산화 붕소(B2O3) 융액으로 GaAs 융액을 덮는 한편 내부 용기 압력에 두고 비소 압력을 1 기압 이상으로 유지하여 비소 증발을 막으면서 융액에서 씨결정을 넣어 회전시키면서 단결정 인상한다.

[그림 2] 수평 브릿지맨(HB)법에 의한 GaAs 단결정 성장

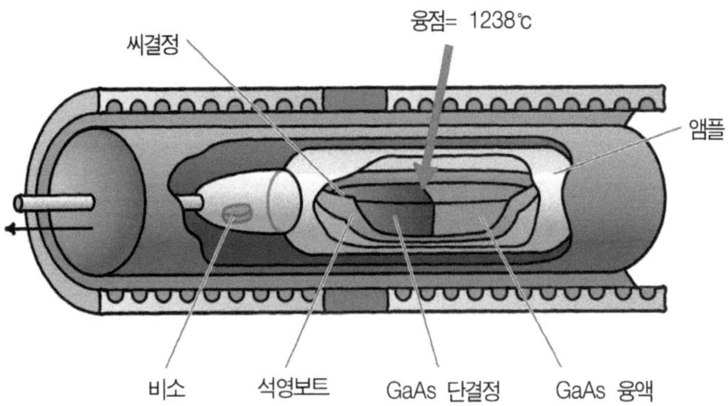

HB법에서는 원료를 석영보트에 실어 비소을 방지하기 위해 비소와 함께 석영보트를 넣은 앰플에 봉입하고, 온도 변화가 있는 전기로에 두고 앰플을 수평 방향으로 당기고 온도가 융점 이하가 되는 부분에서 융액를 고형화시킨다.

[023] 금속과 같이 투명 전극에 전기가 흐르는 것은 산소 결손에 의한 것입니다.

도체(전기가 흐르는 물질)라고 하면 불투명한 금속을 떠올리지마는 투명 도체도 있습니다. 액정 디스플레이에서 액정에 전압을 가해서 액정 분자가 배향하는 방향를 제어하는 전극으로 투명 도전 막이 사용되고, 박막 실리콘 태양전지에도 사용됩니다. 그림 1과 같이 박막 실리콘 태양전지는 유리 또는 플라스틱 등의 투명 기판에 투명 도전 막이 붙고, 그 위에 (그림 아래) 비정질 실리콘 박막의 pin 접합 (p층, i층, n층을 순서적으로 쌓아서 접합함. 자세한 내용은 045 서술)이 만들어져 있습니다. 태양광은 투명 기판 및 투명 도전 막을 통하여 비정질 실리콘 부분을 조사합니다.

일반적으로 유리, 수정, 산화아연, 다이아몬드 등 무색 투명한 물질은 전기가 흐르지 않는 절연체라고 생각됩니다. 제 5장에서 자세히 이야기하지만 반도체의 광학적 성질을 결정하는 것은 **밴드갭**입니다. 일반적으로 무색 투명한 물질은 3eV의 큰 밴드갭을 가지고 있습니다. 이러한 물질은 캐리어(전기를 흘리는 전자나 홀)가 적기 때문에 전기가 거의 흐르지 않습니다.

그러나, 왜 투명 도전막인 ITO(인듐 (InO_3)과 산화 주석(SnO_2)을 혼합으로 만든 결정)에서는 투명한데 전기가 흐르는 것입니까? 그것은 ITO에는 많은 캐리어가 있기 때문입니다. 이것들의 캐리어는 산소 결손에 의해 초래되고 있다고 생각합니다. 그림2와 같이 산소 이온 (마이너스 2가)이 있어야 할 결정 격자 위치에 산소가 없으면 그 위치에 플러스 전하가 있는 것과 같습니다. 이 플러스 전하에 결합이 없이 남아 있는 전자가 모이게 됩니다.

이 남은 전자는 저온에서는 명백한 플러스 전하에 속박되어 있습니다만, 온도가 올라가면 열 해제되고 캐리어가 될 것입니다. 즉, 산소 결손이 캐리어가 생기는 원인입니다.

요점체크

- 투명 도전막은 많은 캐리어를 가지기 때문에 도전율이 높다.
- 산소 결손이 전자를 끌어들여 고밀도 캐리어를 공급한다.

[그림 1] 박막 실리콘 태양 전지에 사용되는 투명 전극

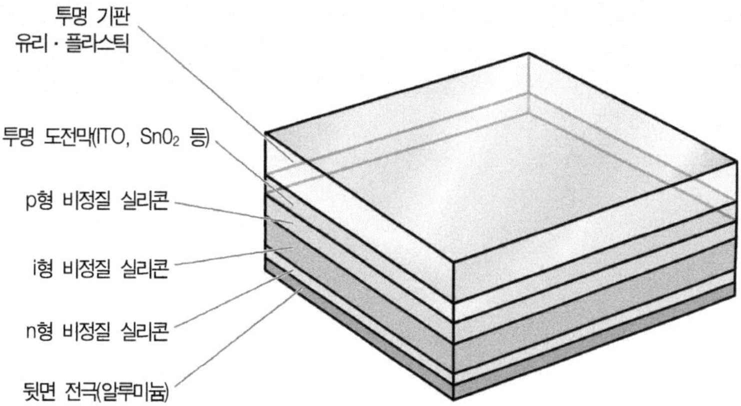

박막 실리콘 태양전지는 투명 전도막으로 코팅된 유리 또는 플라스틱 기판에 p형, i형, n형 박막 실리콘을 적층 구조로 만들어 그 바깥쪽에 뒷면 전극과 금속을 붙이고 있다

[그림 2] 산화 주석의 산소가 있어야 할 격자 위치에 없는 상태

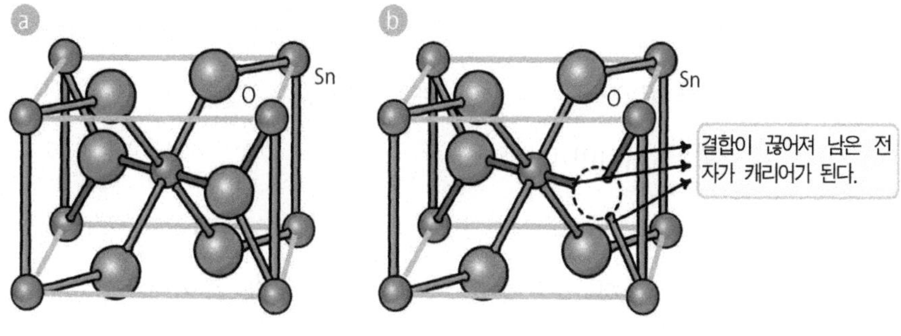

ITO의 근원이 되고 있는 산화 주석(SnO_2) 결정

산소가 빠진 산화 주석의 결정은 마이너스 전하를 가진 산소 이온이 빠져서 점선 있는 곳에 플러스 전하가 있는 것으로 보인다.
이 명백한 플러스 전하의 주위를 결합이 끊어져 남은 전자가 잡혀 돌고 있다.

[024] 가능한 많은 빛을 반도체 속으로 이끈다 ① 반사 방지막의 역할

실리콘은 회색 반도체이지만, 연마한 것은 금속 광택을 나타냅니다. 그런데 지붕에 설치된 태양 전지는 파란 색깔을 하고 있습니다. 왜 파란색일까요? 그것은 실리콘 반사에 의한 빛의 손실을 줄이기 위해 반사 방지막으로 가리고 있기 때문입니다.

실리콘은 굴절률이 높아 반사율이 높다

실리콘은 3.5이상의 높은 굴절률로 인하여, 35% 이상의 높은 반사율을 나타냅니다. 실리콘의 굴절률이 높은 것은 실리콘 밴드갭이 작은 것으로 설명됩니다(070 참조).

안경의 반사 방지 코팅과 같은 원리로 반사를 줄인다.

위와 같이 반사율이 높기 때문에 입사광의 35% 이상의 빛이 실리콘 내부에 들어가지 않고 이 상태로는 발전에 사용되지 않습니다. 반사를 줄이기 위해서는 유전체 막을 붙입니다. 안경 렌즈에 반사 방지 코팅이 되어 있습니다만, 그것과 같은 생각입니다. 그림 1에 나타낸 바와 같이, 반사 방지막의 전면(공기 쪽)과 뒷면(실리콘 쪽) 사이의 다중 반사를 이용하여 전면에서 반사되는 빛과 후면에서 반사되는 빛의 산과 계곡이 상쇄되도록 하면 반사가 억제되어 빛을 효과적으로 결정으로 이끌 수 있습니다.

그림 2(a)에 다결정 실리콘 태양전지에 반사 방지막을 붙인 구조를 보여 주고 있습니다. 태양광을 최대한 실리콘으로 이끌 수 있도록 굴절률과 두께를 설계한 반사 방지막은 반사 비율을 수 %까지 줄일 수 있습니다. 이 반사 방지막은 적색에서 녹색 파장을 흡수하기 때문에, 셀 (b)와 같이 파란색으로 보입니다. 반사 방지의 방법은 (025)에 설명된 대로 표면에 요철을 붙여 빛을 결정으로 이끄는 방법도 있습니다.

요점체크

- 실리콘은 반사율이 높으므로, 그대로는 입사광의 35%를 사용할 수 없다.
- 필름의 앞면과 뒷면의 반사광이 서로 상쇄하여 빛을 유효하게 결정으로 이끈다.

[그림 1] 반사 방지막의 기능

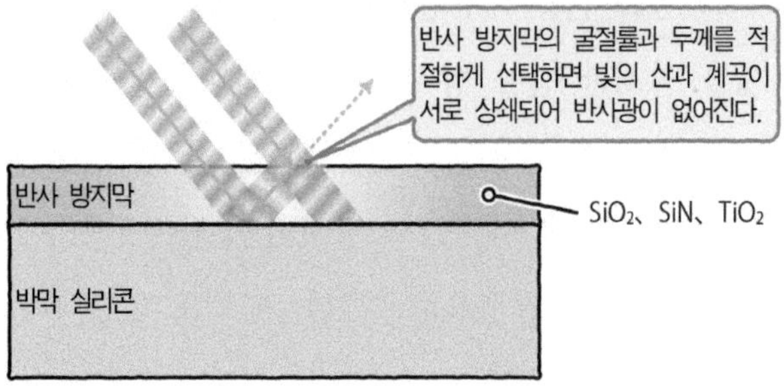

반사 방지막의 전면(공기 쪽)과 뒷면(실리콘 쪽) 반사광 파장의 위상이 상쇄되도록하면 반사가 억제되어 빛을 유효하게 결정으로 이끌 수 있습니다. 비슷한 기술은 안경 렌즈에도 사용되고 있습니다. 실리콘 반사를 최소화시키는 간섭 조건을 만족하면 필름은 파란색으로 보인다.

[그림 2] 반사 방지막을 붙인 다결정 실리콘 태양 전지의 개략도

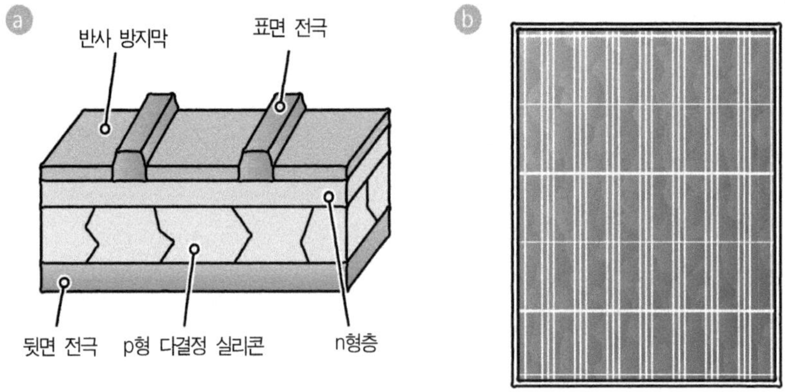

반사 방지막의 다중 반사·간섭에 의해 푸르게 보이고 있다.

[025] 가능한 많은 빛을 반도체 속으로 이끈다 ② 반사 방지막의 연구

다층막을 이용하여 넓은 파장 범위에서 반사 방지를 도모

(024)는 단층의 반사 방지막에 대해 설명했지만, 단층은 굴절률과 두께로 결정되어 특정 파장의 빛에 대해서만 반사율을 낮출 수 있습니다. 실제의 반사 방지막에서는 그림 1의 (a)와 같이 굴절률 및 두께가 다른 박막을 다층으로 적층하고, (b)와 같이 굴절률 변화가 있는 필름을 사용하거나 하여 넓은 파장 범위에서 반사 방지를 도모하고 있습니다.

결정 표면에 미세한 요철을 붙여 반사 방지 (텍스튜어)

또한 그림 2 (a)와 같이 실리콘 결정 표면층에 텍스튜어링하여 미세한 요철을 붙이면, (b)와 같이 빛이 요철에 의해 갇히게 되어 효율적으로 반도체에 이끌려 가고, 돌아오지 않으므로 태양광의 이용 효율을 높이는 예가 있습니다. 이를 위해서는 웨이퍼 표면을 수산화 나트륨 등의 알칼리 용액에 담급니다. 결정면의 방향에 따라 녹는 속도가 다르기 때문에, 요철(텍스튜어)이 형성됩니다.

반사 방지막과 반도체 텍스튜어를 함께 활용

반사 방지막과 텍스튜어를 함께 활용하면 다중 반사와 요철 효과가 합해져서, 반사가 점점 저하되어 효율이 오릅니다. 이 같은 텍스튜어를 가진 태양전지셀은 그림 2(C)와 같은 어두운 청색을 보여주기 때문에 '다크 블루 셀 "라고 부르고 있습니다.

유전체 필름으로 컬러풀한 태양전지

건축의 일부로 볼 때 더 화려한 태양 전지가 있으면 좋겠습니다. 유전체 필름을 연구하면 다크 블루에 비해 변환 효율은 떨어지지만, 다양한 색상의 태양 전지를 만들 수 있습니다.

요점체크

- 넓은 파장의 빛을 반도체 속으로 도입하려면 유전체 다층막을 사용한다.
- 반도체 표면을 텍스튜어 가공하면 빛을 효과적으로 이용할 수 있습니다.

[그림 1] 넓은 파장 범위에서 반사 방지를 도모하기 위한 연구

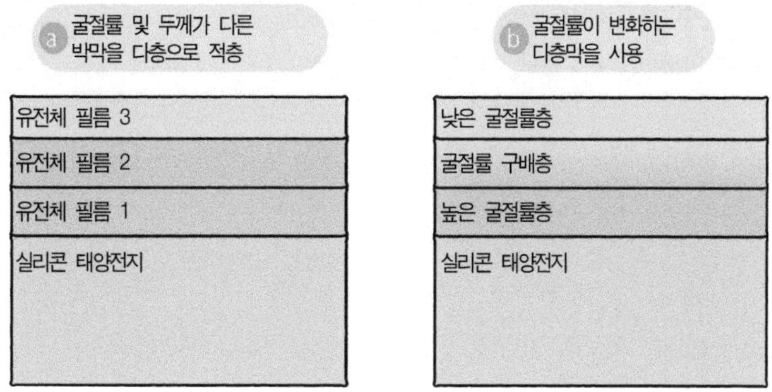

[그림 2] 표면을 텍스튜어 가공한 다결정 실리콘 태양 전지

a 텍스튜어를 붙인 다결정 실리콘 태양 전지

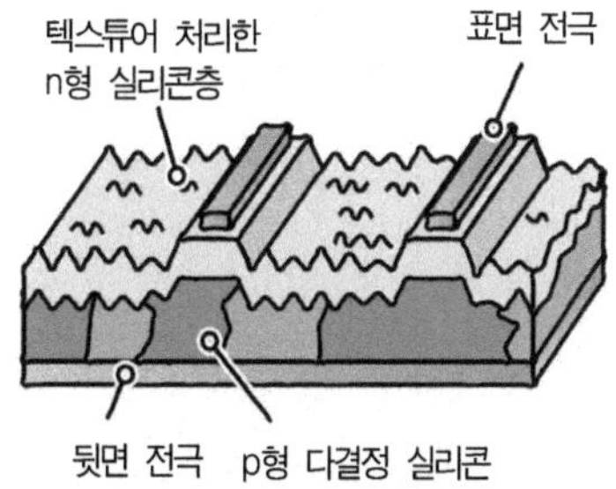

b 텍스튜어에 의한 반사 방지의 원리 요철에 의해 많은 빛을 포착

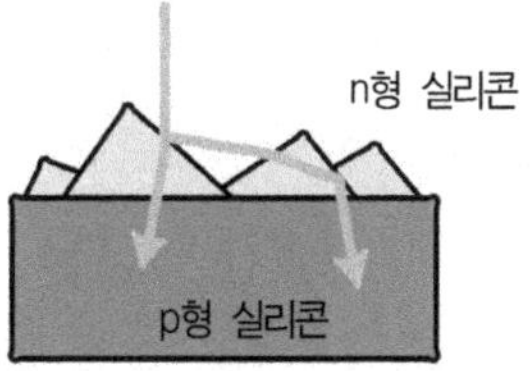

표면을 텍스튜어 가공한 n형 계층을 가진 다결정 실리콘 태양 전지는 빛이 요철로 다중 반사하여 효율적으로 반도체에 입사하게 한다.

c 텍스튜어 가공한 다결정 태양전지의 외관

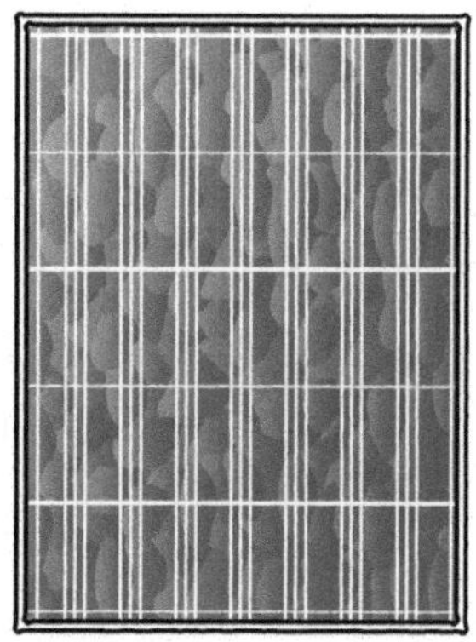

텍스튜어와 반사 방지막을 함께 사용한 태양전지는 '다크 블루'로 보인다.

[026] 파장 영역을 나누어 역할 분담하는 다중 접합 탠덤 셀

(005)에서 언급했듯이, 태양광은 적외선에서 가시광선을 넘어 자외선까지 폭넓은 파장의 빛을 포함하고 있습니다. 하지만 태양 전지는 반도체를 사용하고 있기 때문에, 반도체의 밴드갭보다 에너지가 높은 빛 (즉 **광학 흡수단**보다 파장이 짧은 빛)만을 흡수하고 전기로 변환할 수 있는 것이므로, 파장이 긴 빛은 투과해 버립니다.

그럼, 밴드 갭이 작은 반도체로 만들면 좋지 않나하면, 그렇지 않습니다. 그림 1에 보인 바와 같이, 태양 전지의 이론 한계 효율을 보면, 예를 들어 실리콘(Si)보다 밴드 갭이 작은 게르마늄(Ge)에서는 실리콘보다 작은 변환 효율 밖에 얻을 수 없다는 예를 볼 수 있습니다. 이 때문에 반도체에 가장 적합한 파장마다 빛의 흡수를 분담하여 태양광을 효과적으로 이용 하자는 것이 **탠덤 태양전지**의 생각입니다.

그림 2는 3접합 탠덤 태양전지의 개념도입니다. 상위 셀에서 파란색에서 녹색을 흡수하고 중간 셀에서 황에서 빨강을 흡수하고 나머지 붉은 색에서 적외선까지는 바닥 셀에서 흡수함으로써 태양광의 스펙트럼을 효과적으로 사용하게 합니다. 그러나 3 개의 셀을 적층해도 3개의 태양 전지 각각의 최대 출력을 맞춘 출력을 얻을 수 없습니다. 왜냐하면 두 번째, 세 번째 셀에는 위의 셀에 흡수된 빛이 닿지 않거나, 직렬로 연결되어 있기 때문에 전압은 덧셈되지만, 전류는 단락 전류(012 참조)가 가장 작은 셀에 억제되어 버리기 때문입니다. 그리고 셀을 적층하는 제조 공정 중에서 위

에 올린 셀 결정성이 나빠지게 되어 성능이 충분히 발휘되기 어렵기 때문입니다.

우주용으로 개발된 InGaP/lnGaAs/Ge의 3 접합 태양 전지는 InGaP 상위 셀은 660nm 이하, InGaAs 중간 셀은 660 ~ 890nm, Ge 바닥 셀은 890 ~ 2000 nm의 파장 영역의 빛을 변환 하여 32 %라는 높은 변환 효율을 얻을 수 있습니다.

요점체크

- 탠덤 셀은 밴드갭이 다른 셀을 적층하여 태양광을 효과적으로 이용한다.
- 전압은 더해지지만 전류는 단락전류가 가장 낮은 셀에 의하여 결정된다.

[그림 1] 각종 태양 전지의 실온에서의 이론한계효율

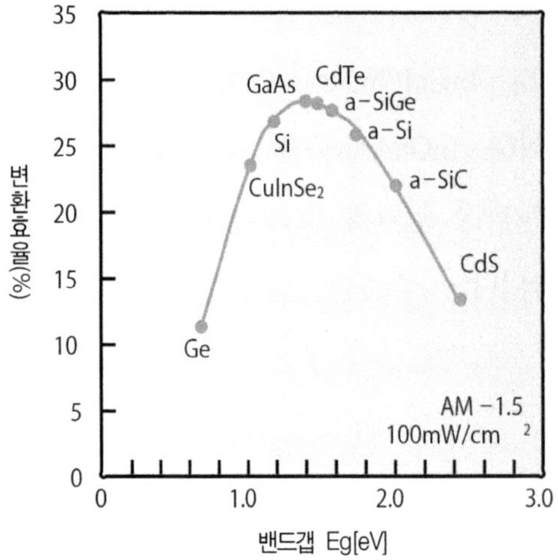

이론적으로 계산한 태양전지 변환효과을 밴드갭과 대비하여 그린 곡선. 밴드갭이 1.4eV 부근에서 최대값을 나타낸다.

[그림 2] 3 접합형 템덤 태양 전지의 개념도

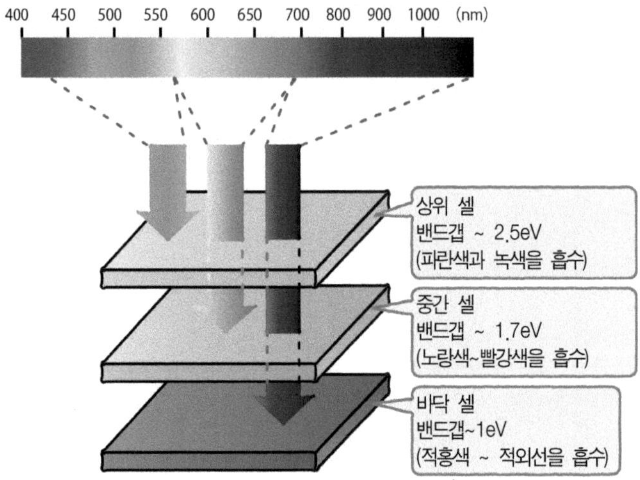

상위 셀에서는 파란색에서 녹색을 흡수하고 중간 셀에서는 노랑색에서 빨강색을 흡수하고 나머지 적홍색에서 적외선까지를 바닥 셀에서 흡수하여, 태양광의 스펙트럼을 효과적으로 사용한다.

용어해설

광학흡수단 : 반도체 광흡수는 밴드갭의 광자에너지에서 급하게 상승하여 광자에너지 증가와 함께 크게 된다. 광흡수가 일어나기 시작하는 광자에너지를 광학흡수단이라 한다.

[027] 렌즈 또는 거울을 이용하여 빛을 모으는 집광형 태양전지

(026)에서 소개한 것처럼 우주용으로 개발된 다중 접합 탠덤같이 복잡한 구조의 태양 전지는 효율이 높아도 높은 비용 때문에 대면적 태양 전지 모듈로 사용되지 않습니다. 하지만 싼 렌즈나 거울로 집광하면 작은 크기의 셀에 충분한 전력을 만들 수 있으므로, 우주의 셀을 지상용으로 전용하는 예가 있을 수 있습니다.

그림 1(a)는 프레넬 렌즈 집광형 태양 전지를 모식적으로 나타낸 것입니다.

실제로는 그림 1 (b)와 같이 1차 렌즈와 2차 렌즈를 조합하여 태양전지에 실제로 효과적으로 집광할 수 있도록 고안되어 있습니다. 1차 렌즈로 평탄 유리에 프레넬 가공한 프레넬 렌즈가 사용되고 있습니다. 2차 렌즈는 로드 렌즈입니다.

집광하면 변환 효율이 상승

(012)에서 태양 전지의 변환 효율은 개방 전압과 단락 전류 곡선 인자의 곱에 비례한다고 말했습니다. 연구에 따르면, 집광하는 경우에는 단락 전류 밀도(단위 면적 당 단락 전류)는 집광 비율에 비례하여 증가하고 개방 전압은 집광비의 대수에 비례하여 서서히 증가합니다. 또한 곡선 인자도 다소 증가하는 것을 알 수 있습니다.

따라서 집광 비율로 변환 효율이 향상되는 것입니다. 그림 2와 같이 집광시 변환 효율은 개방 전압의 증대와 곡선 인자의 개선으로, 집광하지 않는 경우보다 훨씬 높아집니다. 100 배 집광하면 낮은 저항 실리콘 태양전지는 18 %의 변환 효율에서 집광시 23 %로, GaAs 셀은 24 %의 변환 효율이 29 %에 개선됩니다. (026)에서 말한 InGaP/lnGaAs/Ge 3 접합 셀에서 500 배 집광하면 32 %였던 변환 효율이 40 %로 개선됩니다.

렌즈에 의한 집광은 렌즈에 수직으로 닿는 평행 광선 밖에 사용할 수 없지만, 대규모 발전소에서 태양 전지 어레이를 자동 태양 추적 장치에 실어 발전량을 확보합니다.

요점체크

- 집광함으로서 고가이지만 고효율인 태양 전지를 사용할 수 있다.
- 집광하면 변환 효율이 개선된다.

[그림 1] 프레넬 렌즈 집광형 태양전지의 구성도

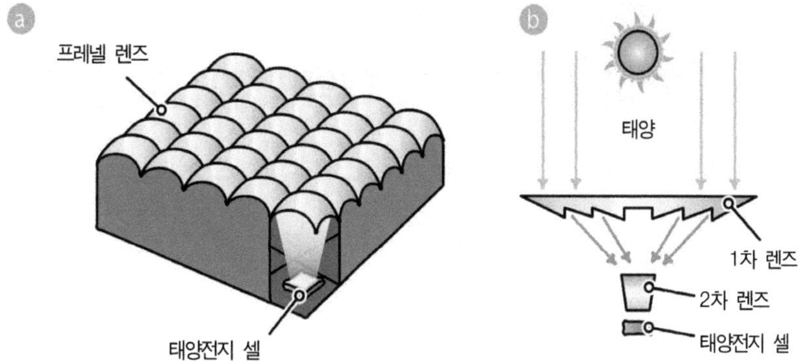

고가이지만 고효율 셀을 소면적으로 사용하여, 집광하면 매우 큰 변환효율을 얻을 수 있다.

[그림 2] 집광비를 올리면 변환효율이 집광하지 않을 때에 비해 상승한다.

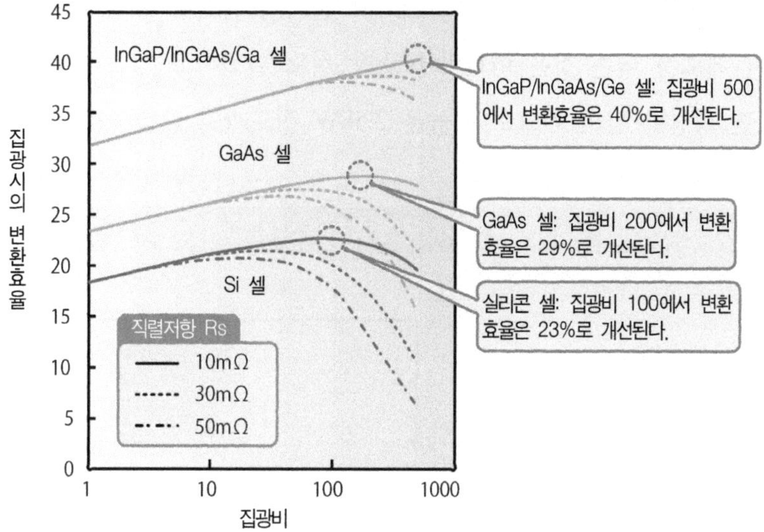

집광비를 올리면, 변환효율은 초기에 비하여 증가하지만, 그 집광비가 최대치를 지나면 감소한다. 직렬저항이 낮으면 변환효율 최대치는 증가한다.

용어해설

집광비 : 렌즈를 사용하여 집광했을 때의 방사강도를 집광하지 않을 때의 방사강도로 나눈 것

COLUMN

데이터가 말하는 태양광 발전의 진실 ①
1일 발전량의 변화

필자의 집에 설치된 태양전지 어레이의 출력은 시간이 지나면서 어떻게 변화하고 있을까요? 그림 1은 쾌청한 날, 그림 2는 맑거나 흐리거나 한 날의 하루 발전 전력(태양 전지 어레이 출력) 시간 변화입니다. 최대치는 11시 20분 무렵으로 2.14kW입니다.

그림 2를 보면, 구름이 통과할 때마다 출력이 급격하게 떨어지는 예를 볼 수 있습니다. 그러나 제로가 되는 것은 아니라 0.5kW 정도 발전하고 있습니다. 또한 흐린 도중에 햇빛이 나면 화창한 날의 피크보다 높은 2.5kW 정도까지 증가하는 것을 알 수 있습니다.

[그림 1] 맑은 날(1997.5.28) 발전량의 시간 변화

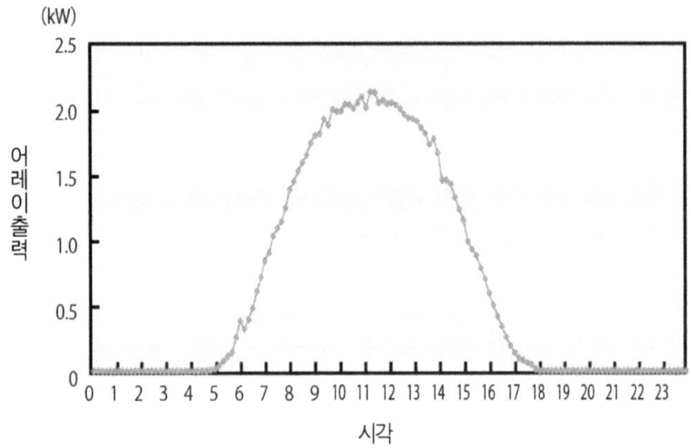

[그림 2] 그림 2 흐리거나 맑은 날(1997.5.21.)의 발전량

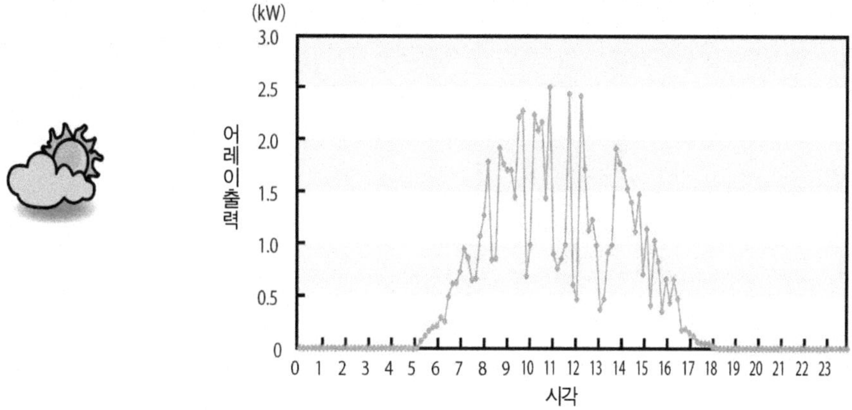

03

태양광발전 모듈에서 시스템까지 (중급편)

태양전지는 단독으로 사용될수도 있지만 실제는 [계통연계]라 하여 전력회사의 송전망에 연결되어 사용된다. 이 때문에 태양전지 셀을 집적화한 태양전지모듈로서 파워컨디셔너를 통하여 송전망에 연결된다. 여기에서는 태양광발전의 모듈에서 시스템까지를 취급한다.

[028] 솔라패널(태양전지 모듈)의 제조과정

솔라패널(태양전지 모듈)은 태양전지 셀을 집적화하여 만듭니다. 그림 1은 다결정 실리콘 태양전지 모듈의 제작과정을 표시하고 있습니다.

셀을 강화 유리위에 배열

태양전지 셀은 0.2~0.3mm로 얇기 때문에 지지부가 없으면 안됩니다. 통상적으로는 유리판을 사용합니다. 그림 1(a)에 표시된 바와 같이, 직렬로 배선된 태양전지 셀의 수광면을 유리쪽으로 향하여 유리판 위에 배열합니다. 여기에 사용하는 유리판은 태풍 등이 불어도 괜찮도록, 금속구 낙하시험 (031참조)을 하여 강도를 확인한 강화 유리를 사용합니다. 태양전지 패널 위를 공사하는 사람이 걷는 것도 가정되어 있습니다.

수지와 보호필름으로 봉지 (밀봉)

다음으로 그림 1(b)에 표시된 바와 같이, 태양전지 셀을 탑재한 유리판 위에 수지를 탑재하고, 이에 더하여 보호필름으로 덮어, 배열된 셀을 밀봉합니다. 태양전지 셀 자체의 수명은 꽤 길지만 밀봉에 사용한 수지의 열화가 태양전지모듈의 수명을 결정한다고도 합니다.

프레임으로 덮어 고정하고 전극을 붙여 완성

이에 더하여, 그림 1(c)에 표시된 바와 같이 주변을 알루미늄 프레임으로 덮고 표면으로 전극을 끌어내어 모듈을 완성합니다. 이렇게 만들어진 모듈을 직병렬로 늘어놓은 것이 (014)에 서술한 태양전지 어레이입니다.

태양전지 모듈은 건축재료

태양전지는 건물의 지붕이나 벽에 설치되기 때문에, 건축재로서 생각되지 않을 수 없습니다. 이 때문에 태양전지 모듈에는 강도 뿐만이 아니고, 방수기능, 방화기능 등의 건축재로서의 기능을 만족하도록 요구되어지고 있습니다. 이것에 대해서는 (031)에 기술되어 있습니다.

요점체크

- 태양전지 셀을 배선하여 배열한 것이 태양전지 모듈이다.
- 강화 유리 위에 셀을늘어놓고, 수지와 보호필름으로 덮고 금속 틀로 고정한다.

[그림 1] 솔라패널(태양전지 모듈) 제작과정

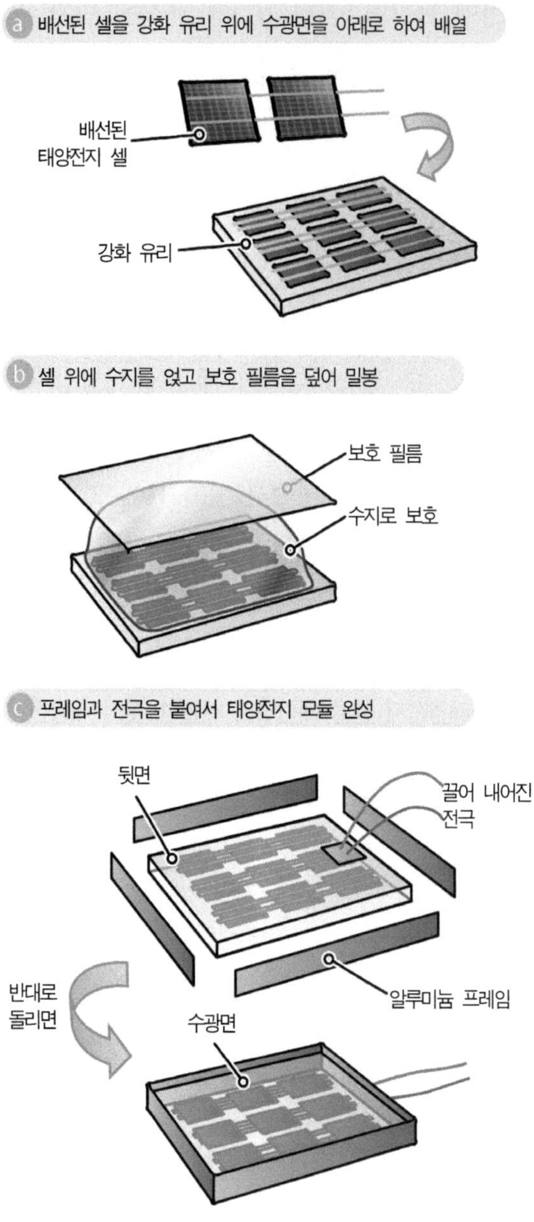

[029] 태양전지의 테스트에 사용되는 의사 태양광 솔라시뮬레이터

태양전지 테스트는 세계공통기준인 STC(표준시험조건)에 따라서, 세계 어디에서도 동일하게 측정되도록 되어있습니다. (012)에 서술한 바와 같이 태양전지의 전류전압특성의 평가에 실제 태양광으로 조사하는 경우는 없습니다. STC에는 표준온도(25도)에서 솔라시뮬레이타로 부르는 AM-1.5의 표준태양광 (1kW/m^2)과 같은 방사강도를 가지는 의사태양광을 조사합니다.

솔라시뮬레이타는 크세논램프, 할로겐 램프를 광원으로 한 의사태양광

그림 1에 솔라시뮬레이타의 구성의 일례를 표시하였습니다. 솔라시뮬레이타의 주요 광원은 크세논 램프이지만, 할로겐 램프를 채용하는 경우도 있습니다. 적절한 광학 필터를 사용하여 태양광스펙트럼의 형상을 시뮬레이트 합니다.

크세논램프는 그림 2에 표시한 바와 같이 가시광 파장영역에서는 태양광과 매우 유사한 스펙트럼 형상을 갖고 있지만, 0.8~1.0um의 근적외선 영역에서 선형 스펙트럼을 가지므로, 이 파장영역에서 스펙트럼이 매끄러운 할로겐 램프(그림3)를 조합하여 사용합니다. 일반적으로 시판되는 솔라시뮬레이타의 대부분은 크세논램프만을 탑재하고 선형 스펙트럼을 필터로 감쇄시킵니다.

표준화에 의한 국제적인 측정정도를 보증한다.

태양전지의 성능에 대하여, 세계어디에서도 같은 조건으로 측정될 수 있도록 국제적인 측정정도를 보증하는 노력이 이루어지고 있습니다. 같은 태양전지셀이나 태양전지모듈을 세계 표준화기관 사이에 돌려서 같은 값이 측정되도록 조정합니다. (이러한 테스트를 라운드로빙테스트 라고 한다) 일본에는 산업기술종합연구소, 미국에는 국립재생가능에너지연구소, 독일에는 국립물리기술연구소(PTB)가 표준화를 담당하고 있습니다.

요점체크

- 태양전지는 표준시험조건에 따라서 세계 어디에서도 동일한 측정이 가능하다.
- 크세논램프, 할로겐램프를 사용한 솔라시뮬레이타를 사용한다

[그림 1] 솔라 시뮬레이터의 구성예

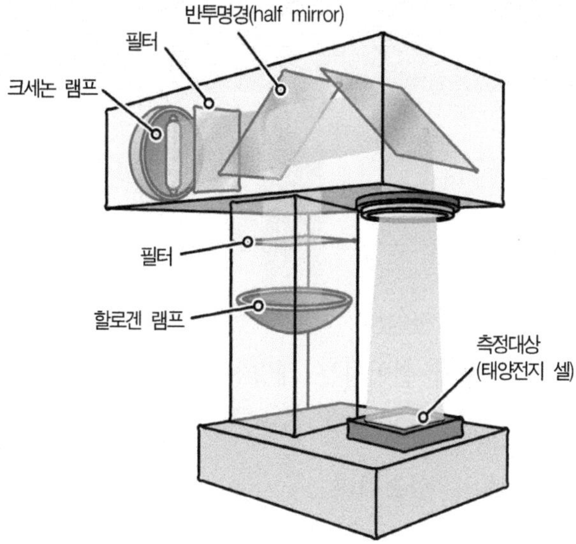

크세논 램프와 할로겐 램프를 광원으로 하여 필터에 의하여 의사 태양광의 스펙트럼을 만든다.

[그림 2] 크세논램프의 스펙트럼

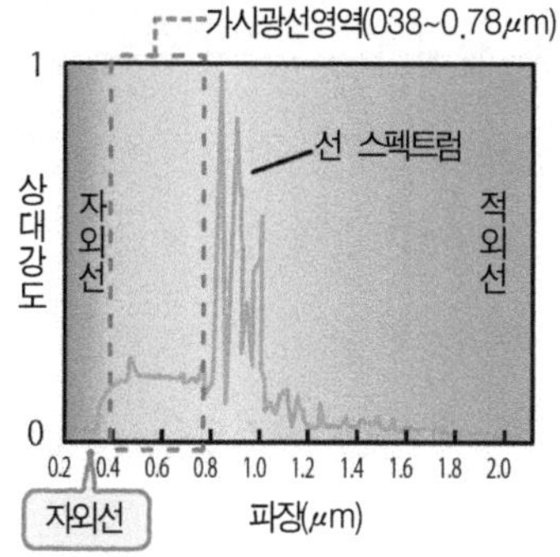

자외선영역, 가시광선영역, 적외선영역에 걸치는 넓은 파장대역의 스펙트럼을 가진다. 근적외선부에 강한 선 스펙트럼을 나타낸다.

[그림 3] 할로겐 램프의 스펙트럼

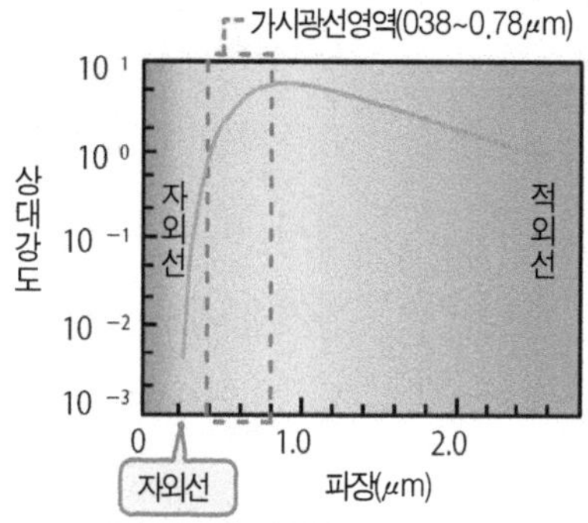

적외선영역에서 파장과 함께 완만하게 감소해 나가지만, 가시광선영역의 강도가 급력하게 저하한다.

[030] 건축재로서의 태양전지 ① 설치 방법에 따른 분류

지붕에 설치하는 태양전지패널(모듈)은 그 설치 방법에 따라 그림 1에 표시된 바와 같이 크게 나누어 지붕설치형과 지붕건축재료형의 2가지로 나눌 수 있습니다.

지붕설치형

지붕설치형은 기존 지붕에 태양전지패널을 추가로 설치하는 타입으로 여기에는 그림 1(a)와 같은 경사진 지붕의 기와 위에 테두리 형태의 설치대를 두고 패널을 설치하는 방법과 그림 1(b)와 같이 평평한 지붕위에 경사 설치대를 설치하여 패널을 설치하는 2가지가 있습니다. 어느 경우에도 표준적인 태양전지패널을 사용하는 것이 가능합니다. 일본의 주택용 태양전지 비용의 반은 공사비용 (079의 그림 1참조)입니다. 설치대의 설치가 가격을 증가시키는 원인 이외에도 현존 주택의 내중량공사를 필요하게 하는 경우가 있습니다. 또한, 평평한 지붕설치형의 경우는 강풍대책이 중요합니다.

지붕건축재료형

신설주택의 경우에는 기와대신 방화성능과 지붕재의 기능을 갖게 하는 지붕건축재료형 패널을 설치할 수 있으므로 기와로 지붕을 이는 비용이 필요 없게 되고, 설치대의 중량 문제도 피할 수 있습니다. 지붕건축재료형에도 그림 1(c)와 같은 태양전지를 지붕재에 짜 넣은 지붕재 일체형과, 그림 1(d)와 같은 태양전지자체가 지붕재가 되는 지붕재형(기와형 태양전지모듈)이 있습니다.

벽에 설치하는 태양전지패널에 있어서도 지붕과 같은 형태로 벽설치형(벽에 설치대를 놓아서 패널을 설치)과 벽건재형 (태양전지패널이 벽건재가 된다)의 2가지가 있습니다.

광투과성을 가진 태양전지를 사용하는 창문재료형이나 톱루프형, 차양형, 루버형 등이 있습니다

요점체크

- 태양전지 패널에는 지붕설치형과 지붕건축재료형이 있다.
- 지붕건축재료형은 태양전지에 방화기능과 지붕재 기능을 갖게 하고 있다.

[그림 1] 태양전지 모듈의 설치방법

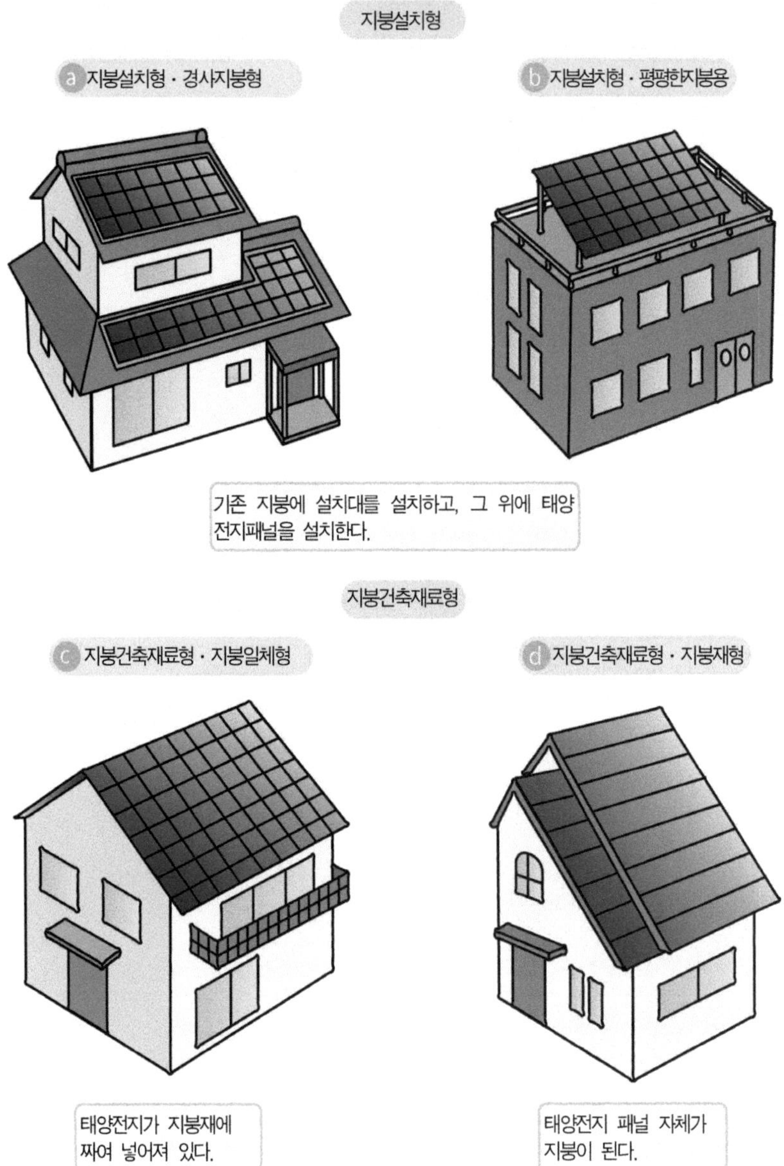

[031] 건축재로서의 태양전지 ② 건축재로서 요구되는 사항

태양전지패널은 건축재

(030)에서 언급했듯이, 건축재형 태양전지패널은 기와 대신에 지붕을 이을 수가 있기 때문에 기와 지붕을 이는 비용이 불필요하게 되고 설치대의 중량문제도 회피할 수 있습니다. 그러나 실제는 기와를 대신하는 건축재로서 건축기준법에 부합하는 방수, 방화, 강도 등의 요구사항을 만족하는 것이 요구됩니다.

방수기능

건축재 일체형패널은 지붕기와와 동등한 방수기능이 요구됩니다. 지붕판위에 방수시트를 붙여 레일을 깔고 패널의 테두리를 고정하지만, 레일 측면의 방수외에 패널들간의 이음매의 실(seal)이 필요합니다. 그림 1과 같이 태풍을 가정하고, 풍속30m/s, 살수량 240mm/h 의 살수 시험에 견디는 방수 기능과 배수 기능이 테스트 됩니다.

방화기능

(028)에서 설명한 바와 같이, 모듈은 셀을 유리에 붙이고, 수지로 실(seal)을 한 위에 보호필름으로 덮지만, 근접화염의 경우에는 필름이 타거나 고온에서 융해되기도 함으로써 판자에 불이 붙는 것을 방지하기 위해,

난연성의 불소수지계필름을 사용하거나 강철판을 짜 넣기도 하여 방화 기능을 높이고 있습니다.

강도

패널에는 강화유리가 사용되지만, JIS 규격(R3206-2003)에 따르면, 약 1kg의 강철구를 높이 100cm에서 떨어뜨리는 낙하테스트에 합격하는 강도가 요구되어집니다. 패널 위를 사람이 걸으며 설치 공사를 실시하기 때문에, 사람이 올라서 걸어다니는데 충분한 강도가 보증되지 않으면 안됩니다.

요점체크

- 건재료형 태양전지 패널에는 방수기능과 방화기능이 요구된다.
- 건재료형 패널용 강화 유리는 낙하테스트에 합격하는 강도가 필요하다.

[그림 1] 살수테스트

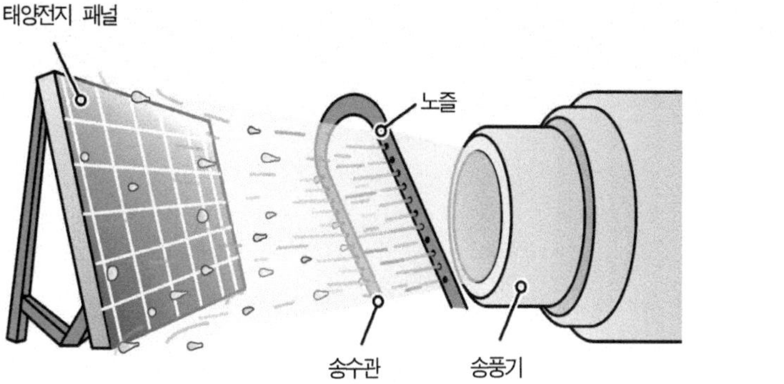

30m/s 강풍에서의 살수로 방수기능과 배수기능테스트

[그림 2] JIS 낙하테스트(강화 유리)

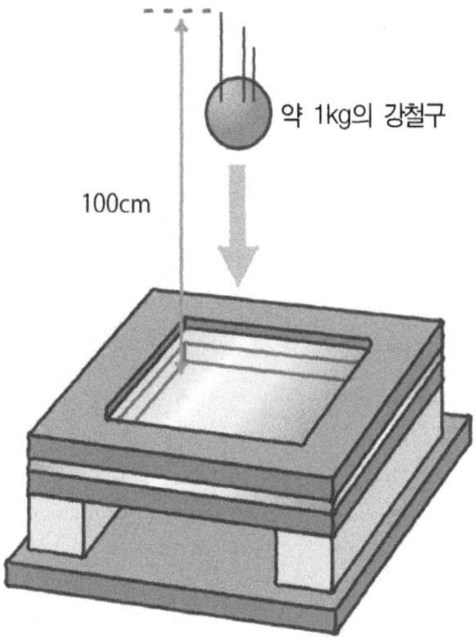

약 1kg의 강철구를 100cm 높이에서 자연낙하시킨다. 시험은 6개의 공시체를 사용하고 파괴가 하나 이하이면 합격으로 한다.

[그림 3] 태양전지에는 사람이 올라서 걸어다닌다.

설치공사에서는 태양전지 패널 위에 올라서 작업한다.

[032] 직류를 교류로 바꾸는 장치 인버터의 동작원리

태양전지의 출력은 직류

(017)에서 서술한 바와 같이 태양전지의 출력은 배터리나 2차전지와 같은 직류입니다. 한편, 전력회사에서 배전되는 것은 교류입니다. 따라서 태양전지의 출력을 전기선에 공급하기 위해서는 직류를 교류로 바꾸어 줄 필요가 있습니다. 이를 위한 장치를 인버터라고 하며 파워 컨디셔너에 들어있습니다.

전동발전기는 태양전지에 사용할 수 없음

직류를 교류로 바꾸는 방법으로 전동발전기(MG : motor-generator)가 전철 등에 사용되고 있습니다 그림 1과 같이 직류모터를 돌려 회전축을 직결한 발전기에서 교류로 바꾸는 방법입니다. 그러나 태양전지의 출력은 시간에 따라 크게 변동하는데 출력전압이 낮고 회전수가 작아지게 되어 교류출력 주파수가 낮아지게 되거나, 반대로 출력전압이 높고 주파수가 높아지게 되므로 사용할 수 없습니다. 모터가 계속 회전하는 것은 소음 및 유지 보수 측면에서도 문제가 됩니다.

트랜지스터를 스위치에 사용하여 직류를 교류로

교류전류는 시간에 따라 정현파의 형태로 변화하고 1초간에 100회(관서

지방은 120회) 부호를 변경합니다. 반면 직류는 부호를 바꿀 수 없습니다. 인버터는 트랜지스터를 스위치하여 직류를 교류로 만들어 바꾸는 장치이므로 가동부분이 없어 소음이 없습니다. 인버터에는 그림 2와 같이 태양전지로부터의 직류전원이 4개의 트랜지스터스위치 S1, S2, S3, S4에 의하여 온오프되어 (a)에는 단자A가 플러스, 단자B가 마이너스, (b)는 단자A가 마이너스, 단자B가 플러스가 됩니다. 이 때문에 단자A, B사이의 전위차의 시간적 변화는 (c)와 같이 플러스·마이너스로 변화하는 펄스 교류가 됩니다. 이것을 평활회로에 통과시키면, (d)와 같은 정현파 교류가 됩니다.

요점체크

- 태양전지의 출력은 직류이기 때문에 그대로는 전기선에 연결하지 않는다.
- 트랜지스터 스위치를 사용하여 극성을 바꾸어 교류로 변환한다.

[그림 1] 전동발전기(MG)에 의해 직류를 교류로 바꾼다.

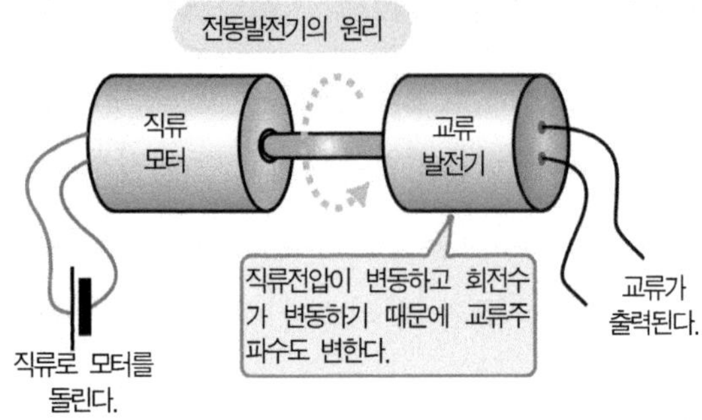

[그림 2] 인버터의 동작

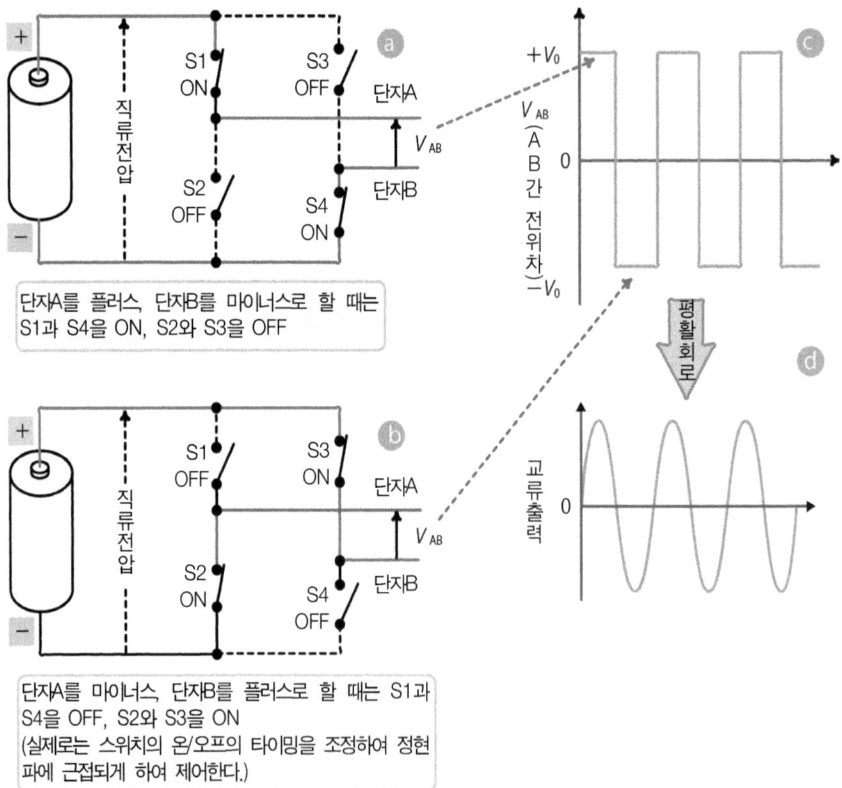

용어해설

평활회로 : 급격히 변화는 파형의 변화를 매끈하게 하여 정현파가 되도록 하는 전기회로

[033] 태양전지의 출력을 배전선에 공급하는 '계통연계'

인버터에서의 출력을 전력회사의 송전망(전력선계통)에 연결하여 태양광 발전 전력을 전력회사에 공급하는 것이 역조류 계통연계입니다. "역조류"라고 하는 것은 통상의 전력흐름(계통에서 사용자에게)과는 반대의 흐름이 있음을 나타냅니다. 이때 전압뿐만 아니라 주파수와 위상정합도 고려하지 않으면 안됩니다.

계통과 교류주파수나 위상이 다르면 연결하지 않는다.

교류전압은 시간에 따라 정현파의 형태로 플러스, 마이너스가 변화합니다. 이 바뀌는 횟수를 주파수라고 합니다. 또한 마이너스에서 플러스로의 변화의 타이밍을 위상이라고 합니다. 태양전지 전력을 자신의 집에서 사용하고 있는 한 주파수나 위상이 변화해도 문제는 아니지만, 송전망과 연결하려고하면 그럴 수 없습니다. 그림 1과 같이 계통과 인버터 출력 위상과 주파수가 다르다고 합시다. 계통이 플러스일 때 인버터 출력이 제로라고 하면, 계통의 전압을 쇼트하게 됩니다. 역으로 계통이 제로일 때 인버터가 플러스이면 인버터가 손상됩니다.

인버터의 스위치타이밍을 제어한다.

(032)에서 언급한 바와 같이 인버터로 직류를 교류로 변환할 때, 트랜지

스터의 스위치로 극성을 전환합니다. 이 전환의 타이밍를 송전망의 전기에서 이어진 타이밍신호에 맞추도록 하면 주파수, 위상 모두 일치합니다. 이 타이밍을 제어하는 기능을 더한 것이 파워컨디셔너 입니다.

정전때는 계통에서 분리한다.

또한 공사등을 위해 계통이 차단되어 정전일 때는 인버터의 출력이 계통에 흐르지 않도록 고안되어있습니다. 이것은 전기 공사 관계자의 감전을 방지하기 위해서입니다.

요점체크

- 인버터 출력전압, 주파수, 위상을 송전망에 맞추어 계통연계 한다.
- 정전시에는 인버터로부터의 출력을 차단한다.

[그림 1] 계통연계할 수 없는 경우

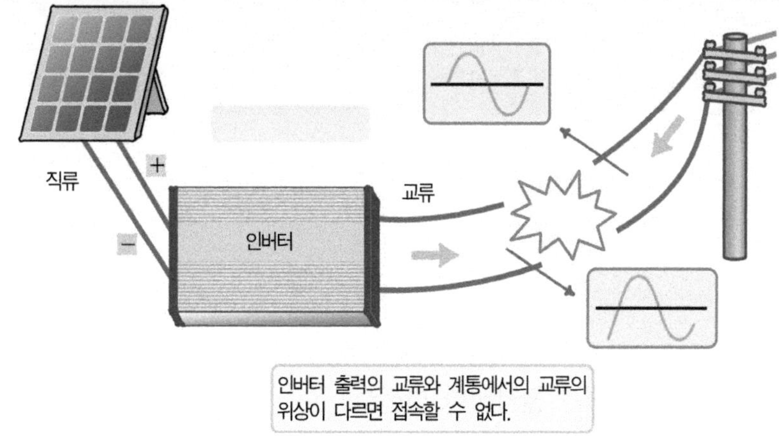

[그림 2] 계통연계를 위한 교류의 위상을 맞춘다.

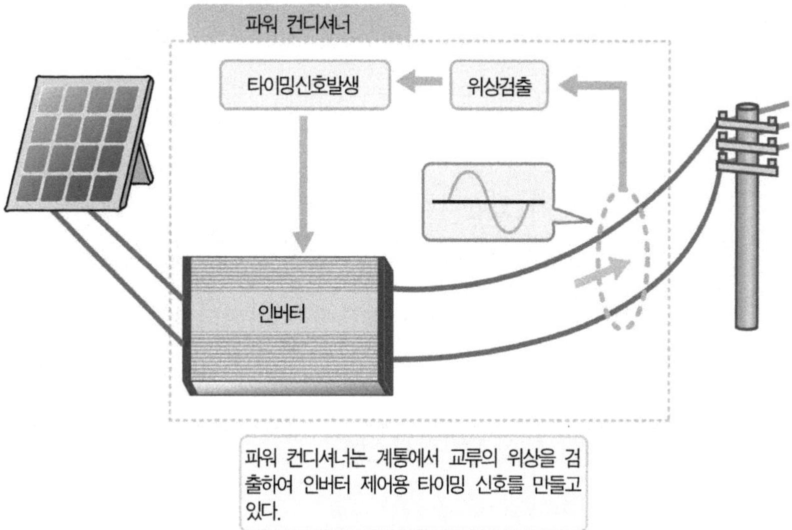

[034] 당신의 집지붕을 빌린다. 지역집중연계형 태양광발전

개별계통연계는 불안정한 발전소

통상적으로 가정용 태양전지의 경우 각 가구가 발전한 전력을 호별로 소비하고 남은 여유전력을 계통에 공급하지만, 그림 1에 예시된 바와 같이 각 호에서 호별로 계통연계하면, 각 가구에서부터 출력과 계통과의 사이의 전기 흐름(조류)은 역조류(전기 팔기)와 순조류(전기 사기)가 빈번히 바뀌게 됩니다. 즉, 여유있는 경우에는 계통에 공급되지만 부족한 경우에는 계통으로부터 구입하는 일이 되기 때문에, 출입이 심하게 불안정한 발전소임을 알 수가 있습니다. 가구별로 파워컨디셔너를 설치하는 것도 비효율적입니다. 또한, 각 가구가 여유전력을 계통에 송전할 때, 송전 총전력이 한계치를 초과하면 시스템 효율이 저하됩니다.

지역집중연계형 태양광발전시스템

가구별연계 문제점의 해결로 이어질 것이 **지역집중연계형 태양광발전시스템**입니다. 이 시스템은 지역의 모든 가구의 태양광발전패널의 직류출력을 합쳐서, 집중파워컨디셔너(계통연계장치)를 통하여 교류로 변환하고, 계통에 공급합니다. 또한, 햇빛의 불안정성을 보완하기위해 2차전지에 저장하는 구조를 추가하면 안정적인 발전소로 이용하는 것이 가능합니다. 각 가구는 지붕을 빌려주고 공급량에 따라 전기 판매 대금을 받는 것이 가능합니다.

솔라타운의 실험이 시작되었다

이와 같은 지역집중연계형 태양광발전의 작업이 솔라타운으로 실시되고 있습니다. 그림 2는 솔라타운의 개념도입니다. 솔라타운은 축전기능이 있기 때문에, (036)에 설명하는 스마트그리드의 하나의 요소가 될 수 있다고 생각됩니다.

요점체크

- 솔라타운은 가구별연계보다 안정적이고 효율적인 계통연계가 가능하다.
- 솔라타운의 축전기능은 스마트그리드의 하나의 요소가 된다.

[그림 1] 가구별 계통연계는 불안정한 전원(1996년 8월 9일 필자 측정)

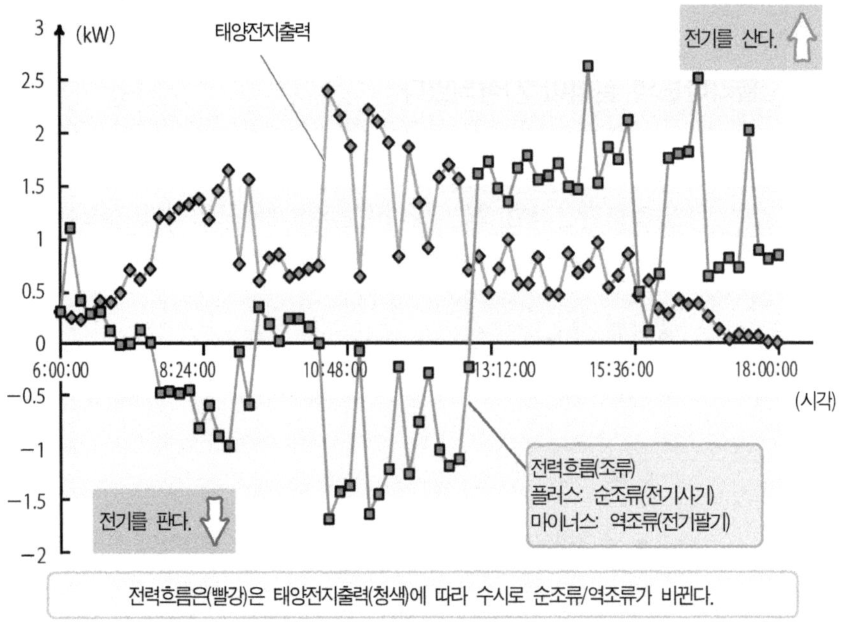

[그림 2] 지역집중연계형 태양광발전시스템(솔라타운)

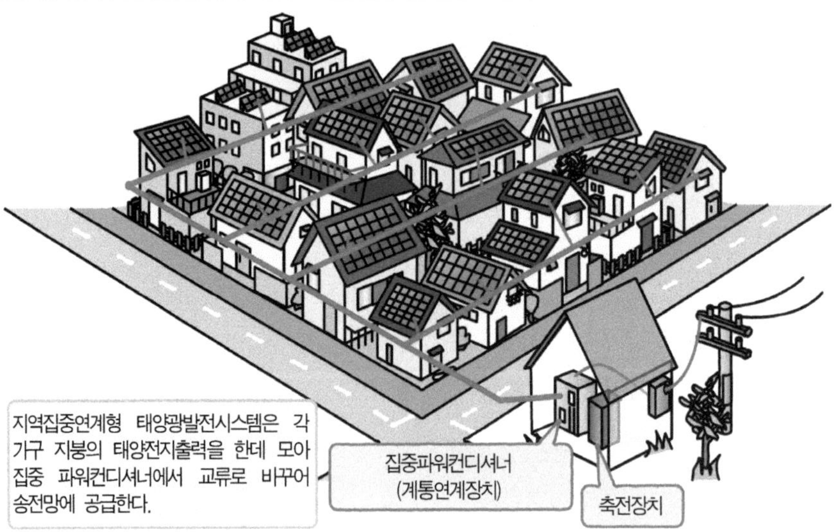

[035] 각지에 차례로 등장하는 메가솔라발전소

메가솔라발전소란 무엇인가

1메가와트(1000kW) 이상의 출력의 대규모 태양광발전소를 메가솔라발전소라고 합니다. 종래 일본의 태양광발전정책은 가구별이용을 대상으로 하여, 넓은 토지를 필요로 하는 메가솔라의 건설은 지연되었습니다. 하지만 저탄소사회를 지향하는 세계적인 조류(전력매입제도의 갖추어짐)를 받아, 메가솔라건설이 필요하다는 인식이 높아지고 있습니다.

메가솔라의 실증실험

2005년 독립행정법인 “신에너지·산업기술종합개발기구“ (NEDO) 는 대규모 전력공급용 태양광발전계통안정화등 실증연구를 공모하여 홋카이도 왓카나이시와 야마나시현 북두시에 각각 5MW, 2MW의 실증 실험 시설이 건설되어, 2010년까지 5년 동안 실험을 수행하였습니다. 실험에서는

1) 태양전지모듈의 평가
2) 파워콘디셔너의 평가
3) 설치대의 평가, 추적 방법의 평가
4) 축전지로 출력 변동을 억제하는 기술의 확립
5) 적설 영향 평가와 대책

등이 행하여 졌습니다.

각지에 건설이 진행된 메가솔라발전소

실증 실험 결과를 받아 그림 1에 규정된 대로 각지에 다수의 대규모 태양광발전소(메가솔라)가 건설이 되어, 일부에서 가동이 시작되었습니다. 그림 2는 도쿄전력과 가와사키시가 공동으로 건설중인 20MW의 우키시마 태양광발전소의 그림입니다.

요점체크

- NEDO는 메가솔라발전소의 실증실험을 200년부터 5년간 실시했다.
- 실증실험결과를 받아서 각지에 메가솔라발전소가 건설되고 있다.

[그림 1] 일본 내 시동중 또는 건설중인 메가솔라광발전소(2011년 3월 현재)

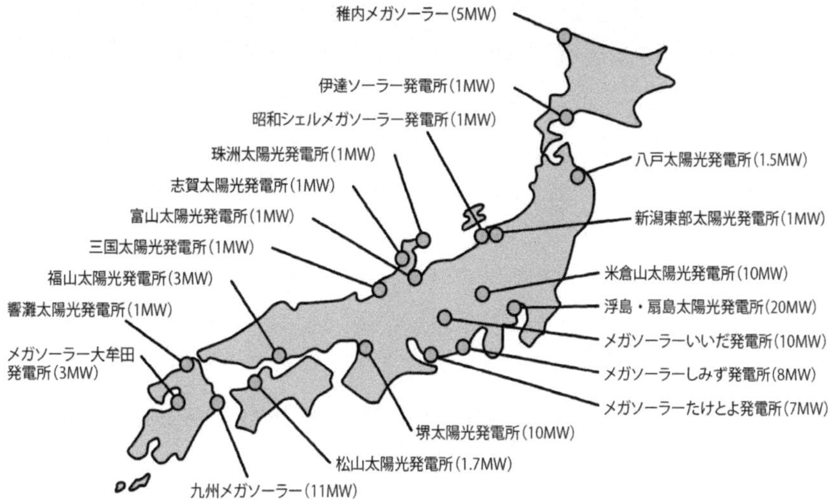

[그림 2] 우키시마 태양광발전소

도쿄전력과 가와사키시가 공동으로 건설하고 있는 우키시마태양광발전소

(출처: 가와사키시/도쿄전력)

[036] 스마트그리드가 가져오는 전력이노베이션

스마트그리드는

태양전지나 풍력발전 등 끊임없이 변동하는 자연에너지가 송전망(그리드)에 공급되면 전압이나 주파수 변동을 발생시키는 일이 있습니다. 또한 다수의 분산형 전원에서 계통으로의 역조류가 있으면 그 부근에서 배전선의 전압이 높아지고, 모처럼 발전된 전력을 계통에 공급하지 못하는 사태가 발생할 수 도 있습니다. 이것을 방지하기 위해 전용장비와 소프트웨어가 내장된 IT기술을 사용하여 공급측면과 수요측면의 불균형을 없애는 것과 동시에, 전기자동차의 배터리를 이용하는 등 축전 기능을 계통전체에 분산하여 안정화를 도모하는 것이, 스마트그리드(똑똑한전력망)의 생각입니다.

일본에서는 낮았던 스마트그리드의 필요성

본래, 이 기술은 수급 불균형에 의한 정전을 방지하기 위해 제창되었다. 일본에서는 이전부터 전력회사가 발전소, 변전소 및 수요지를 연결하는 송전망에 광섬유를 삽입하여 IT에 의한 경제배전을 행하였기 때문에, 전력품질은 선진국중에서도 매우 높은 수준이어서 스마트그리드의 필요성은 높지 않았습니다.

자연에너지 도입으로 주목받는 스마트그리드

현재는 이 기술은 정전을 막을 뿐만 아니라, 피크쉬프트효과, 자연에너지도입, 전기자동차충전 인프라 정비 등에도 도움이 된다는 것으로 주목받아 세계적으로 스마트시티, 스마트커뮤니티 실증시험이 행해지고 있습니다.

그림 1은 스마트커뮤니티의 개념도입니다. 스마트그리드 실증시험은 중국의 천진, 아랍에미리트, 제주도 등에서 선행되었고, 일본에서는 요코하마, 도요타시, 게이한나학연도시, 키타큐슈시의 4개지역에서 행해지고 있습니다.

요점체크

- 스마트그리드는 전력수급을 IT 기술로 최적화하는 시스템이다.
- 세계적으로 스마트시티, 스마트커뮤니티에 실험이 행해지고 있다.

[그림 1] 스마트그리드의 개념도

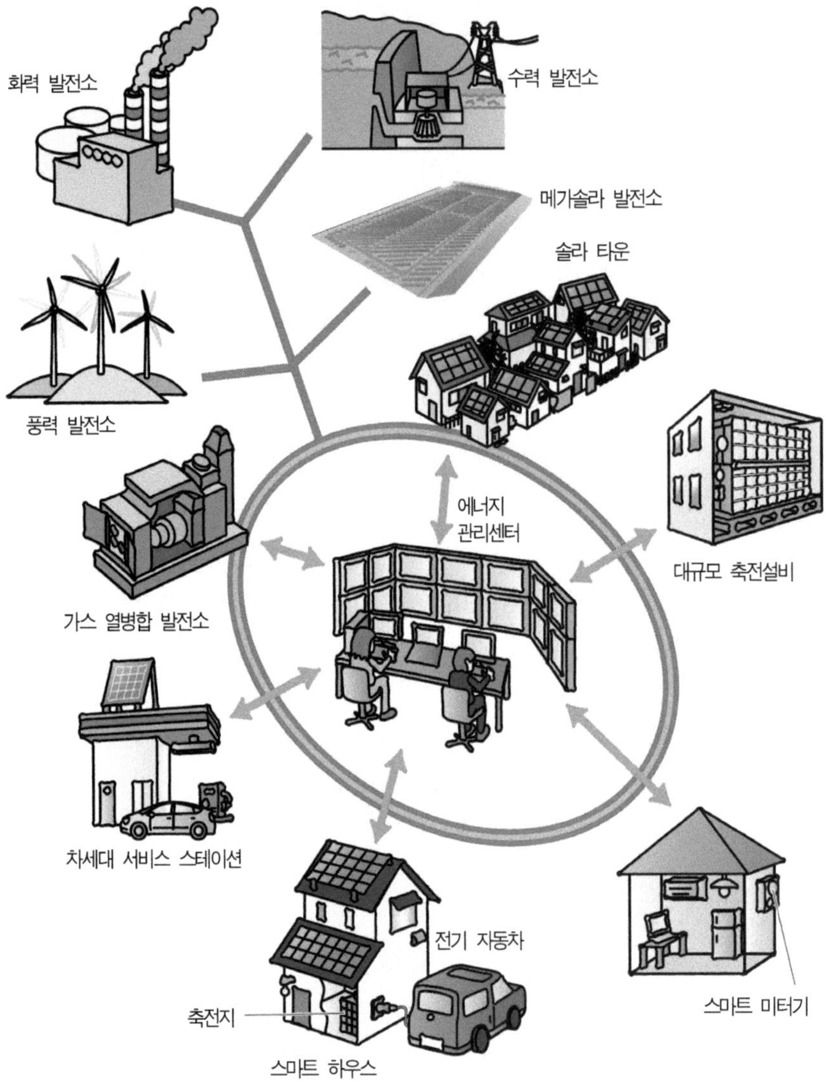

대규모 발전소(수력발전소, 화력발전소, 메가솔라발전소, 풍력발전소등), 분산발전시설(솔라타운, 호별 태양광발전, 호별 병합발전)과 각종축전설비(대규모 축전시설, 전기자동차등), 스마트미터를 갖춘 수요가구 등이 공통의 송전망으로 연결되어 공통의 에너지관리센터에 의해 세밀하게 수급전기가 조절된다.

COLUMN

데이터가 말하는 태양광 발전의 진실 ②
비오는 날에도 발전한다.

태양광 발전에 기여하는 것은 태양의 직사광 뿐만이 아닙니다. 산란광도 꽤 기여하고 있습니다. 이 때문에 흐리거나 비오는 날에도 빛이 있는 한 다소라도 발전하고 있습니다. 그림은 비오는 날 하루 발전량의 변화 그래프입니다. 피크는 0.3kW 정도로 적분하면 1일 1.38kWh의 출력이 있었습니다. 화창한 날의 발전량이 13kWh 정도이기 때문에 비오는 날에도 맑은 날의 10 분의 1 정도는 발전하고 있는 것을 알 수 있습니다.

[그림 1] 비오는 날(1997.7.9)의 발전량의 시간 변화

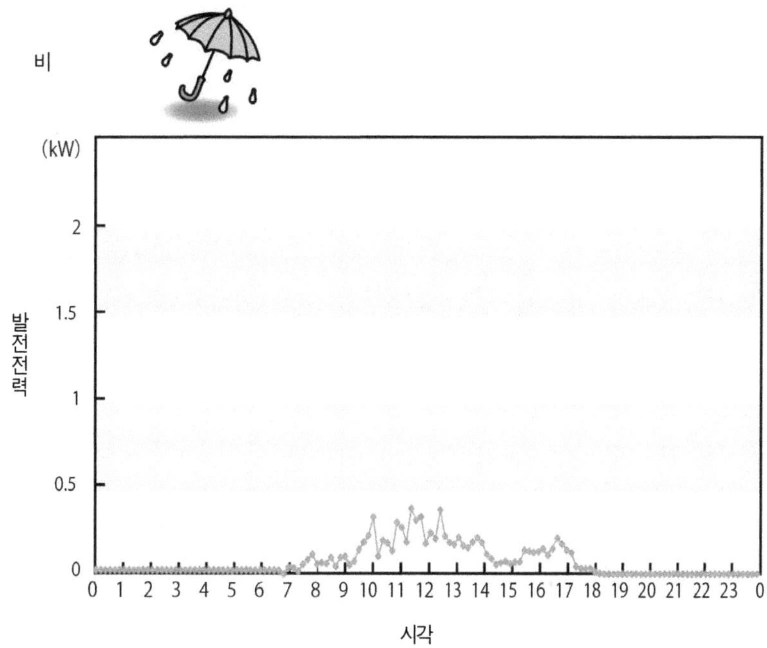

04

여러가지 태양전지 (상급편)

태양전지라고 통칭하여도 사용되는 재료나 제조 방법 등에 따라 성능이나 가격에 큰 차이가 있다. 또한 자원 문제도 중요하다. 본 장에서는 결정 계실리콘부터 여러가지 박막 태양전지, 또한 뜨거운 화제를 모으고 있는 유기 태양전지까지를 알기 쉽게 해설한다.

[037] 태양전지 재료의 여러 가지 ① 태양전지 재료의 분류

태양전지를 재료로 분류한 것이 그림 1입니다. 현재 태양전지에 사용되는 반도체 재료는 **실리콘계**와 **화합물반도체계**로 크게 나뉩니다. 실리콘계는 벌크 결정을 이용하는 **결정실리콘계**와 박막을 이용하는 **박막 실리콘계**, 벌크결정과 박막의 **하이브리드계**가 있습니다.

결정실리콘은 가장 많이 사용되고 있는 태양전지용 반도체 재료입니다. 결정실리콘중의 **단결정계**는 효율이 높지만 비용이 높은 것이 단점입니다. 가장 보급이 많이 된 것은 **다결정계**(작은 결정이 모자이크처럼 모인 것)입니다. 효율은 약간 떨어지지만, 단결정 절단 부스러기를 용해시켜 만드는 실리콘의 "주물"이기 때문에 에너지절약, 저비용제조가 가능합니다. 결정계 실리콘 태양전지는 재료를 많이 사용하는 것이 문제입니다. 반면 박막실리콘은 **비정질실리콘**이나 **미(微)결정실리콘**을 사용하기 때문에 저온에서 큰 면적을 고속성막할 수 있어 제조비용이 낮은 것 외에 결정실리콘의 10분의 1이하의 두께도 좋기 때문에 자원절약을 할 수 있습니다. 하지만 효율이 약간 낮은 것과 **광 열화**가 일어나는 것이 문제입니다. 최근 결정실리콘에 박막실리콘을 붙인 하이브리드계가 개발되어 고효율 태양전지로서 기대되고 있습니다.

화합물반도체계에는,

III-V족과 CdTe계, CIGS계 등의 박막계가 있습니다. III-V족은 GaAs

단결정기판에 다양한 조성비의 III-V족 반도체박막을 다층성막한 것으로 높은 변환효율을 발휘하는 고성능 태양전지이지만 고가이므로 주로 우주용으로 사용되고 있습니다. CdTe계, CIGS계는 얇은 막으로 중간 정도의 효율을 얻을 수 있어 자원절약과 제조비용이 싸기 때문에 보급이 시작되고 있습니다.

이외에도 **유기반도체계**나 발전원리가 조금 다른 **색소증감계**의 연구가 진행되고 있지만, 시장에 나타나는 것은 이제부터입니다.

요점체크

- 태양전지재료는 크게 나누어 실리콘계와 화합물반도체가 있다.
- 실리콘계에는 결정계, 박막계와 하이브리드계가 있다.

[그림 1] 재료에 의한 태양전지의 분류

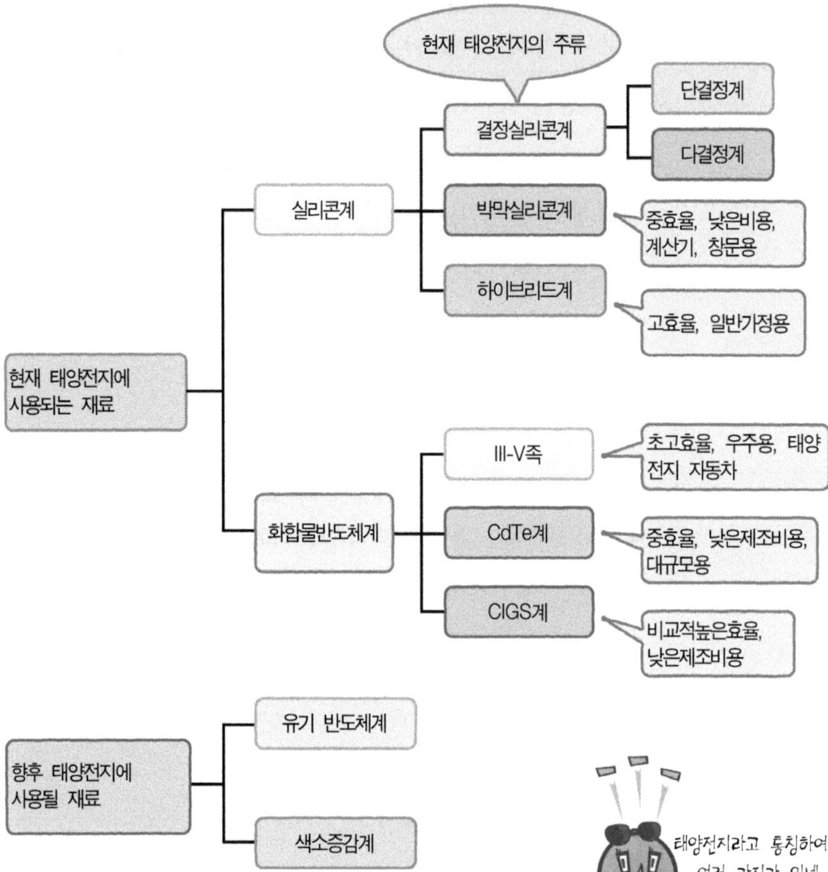

용어설명

광열화 : 비정질 실리콘 전지에 태양광을 조사중에 변환효율이 저하하는 현상.
발견자 이름을 따서 스테부라·론스키효과라고 한다. 자세한 설명은 (046)를 참조.

[038] 태양전지 재료의 여러 가지 ② 태양전지의 비교

표 1은 (037)에서 기술한 다양한 재료의 태양전지의 셀 효율 및 모듈효율, 비용, 재료관련 자원문제, 각 전지의 특징을 정리한 것입니다.

다결정실리콘모듈은 꽤 높은 효율로 비용도 낮고, 1950년부터 연구개발에 힘입어 성능도 안정되어 있습니다. 이제까지 보급형의 가정용 태양전지 모듈은 대부분이 이 타입이었습니다. 그럼 왜 이렇게 많은 다양한 기술이 개발되고 있는 것일까요?

첫번째는 재료 문제입니다. 실리콘자체는 지구상에 상당히 많이 존재하지만, 최근에는 수요가 많아지어 원료가 부족하게 되어 왔습니다.

또한 실리콘은 **간접천이형반도체**라고 불리우는 것이므로, 빛흡수가 약하여, 수백 μm의 두께가 필요합니다. 즉 수 μm의 박막에서는 빛이 통과하게 됩니다. 박막 실리콘 태양전지는 사실 **수소화비정질실리콘**이라는 결정실리콘과는 다른 물질입니다. 얇은 막을 저렴한 비용으로 만들 수 있지만 효율이 별로 높지 않고, 광 열화의 문제가 있기 때문에 **박막실리콘계태양전지**에는 미결정실리콘박막도 조합하여 사용하고 있습니다.

직접천이형반도체를 사용하면 발전효율이 높은 것을 얻을 수 있습니다. GaAs등의 III−V족 **화합물반도체태양전지**는 변환효율이 매우 높고 같은 전력을 얻기 위하여 작은 면적으로 된다는 이점이 있습니다. III-V족 계는 기판재료로 사용하는 GaAs가 비싼데다 매우 고도의 제조기술을 채택하기 때문에 비용이 높아, 우주등 특수용도밖에는 사용되고 있지 않습니다.

CdTe 및 CIGS의 경우도 직접천이형반도체입니다. 이들 화합물계 다결정 박막태양전지는 III-V족 만큼 고효율이지는 않지만, 대면적의 수 μm의 얇은막을 저렴한 비용으로 만들 수 있으므로, 재료비용 측면에서 유리합니다.

요점체크

- 단결정 실리콘 대면적 모듈의 변환효율은 약 23%로 높다.
- 화합물계 모듈은 전력당 비용이 실리콘계보다 낮다.

[표 1] 태양전지의 비교

재료에의 한분류	소분류	현재의 변환효율(%)		모듈비용	자원	특징
실리콘계	단결정계	22.7	24.5	2.05*	△	높은 변환효율, 안정, Si 재료의 다소비의 어려움
	다결정계	17.0	20.4	1.82*	△	비교적 고효율, 보급, 재료공급의 어려움
	박막계	10.4	20.0	1.37*	○	저렴한 비용으로 대면적 가능, 자원절약, 낮은효율과 광열화의 어려움
화합물 반도체계	Ⅲ-Ⅴ족계	36.1	41.6		△	초고효율, 우주용, 높은비용, 자원문제의 어려움
	CIGS계	13.6	20.0	0.99&	○	저렴한 비용으로 대면적 가능, 자원절약, 대면적효율의 어려움
	DdTe계	10.9	16.7	0.98+	△	저비용, 대량생산, 중효율, Cd 사용문제
화학계	색조증감계	8.5	11.2	0.75-3.3#	○	낮은 비용, 자원절약, 중효율, 액체사용의 어려움, 광열화
	유기반도체계	3.5	7.9	1-2.84#	○	낮은비용, 자원절약, 중효율

* 2010년12월의 최저가격(http://www.solarbuzzcom/Moduleprices.htm)
& 2008년: Nanosolar사의발표(role-to-role)
+ 2009년: First Solar 사의발표
# Joseph Kalowekamo, Erin Baker : Estimating the manufacturing cost of purely organic solar cells; Solar Energy 83, 122-1231 (2009)
** 각종 태양전지의 셀변환효율, 모듈변환효율의 최고 데이타(2010년시점) 및 기재되어 있는 모듈 비용의 일람표
*** 피크파워 1W당 모듈비용을 미국달러로 표시한 것

용어**설명**

직접천이형 반도체, 간접천이형반도체 : 반도체 밴드갭 이상의 에너지의 빛을 비추면, 전자는 가전자대에서 전도대로 이동하고 빛의 흡수가 일어난다. 이 과정에 운동량보존법칙이 성립되면 빛의 흡수가 강하고, 성립되지 않으면 빛의 흡수가 약하다. 전자를 직접천이형반도체, 후자를 간접천이형반도체라고 한다. 자세한 사항은 (066) - (070)를 참조

[039] 이렇게 다르다! 반도체의 광흡수 스펙트럼

태양전지는 반도체가 빛을 흡수하여 전기를 만들어 냅니다. 빛의 흡수 강도는 반도체에 따라 다릅니다. 빛 흡수의 정도를 나타내는 것이 **광흡수 계수** α입니다. 이것은 빛이 물질을 1cm 진행할 때, 빛의 강도가 어느 만큼 작아지는지를 나타내는 척도입니다. 빛은 반도체내에 1/α의 거리만큼 진입할 수 있습니다(용어해설참조).

제 1장 (013)에서 반도체는 밴드갭이 있어 이 밴드갭보다 작은 에너지를 가진 빛은 흡수되지 않는다고 배웠습니다. 반도체의 광흡수 계수는 입사하는 빛이 가지고 있는 광자에너지에 의해 크게 달라집니다. 광흡수계수를 광자에너지에 대해 그린 그래프를 **광흡수 스펙트럼**이라고 합니다. 그림 1은 태양전지에 사용되는 다양한 반도체의 광흡수 스펙트럼입니다. 빛은 파장이 짧을수록 큰 광자에너지를 가집니다. 파장 λ[nm] 및 광자에너지 E[eV: 일렉트론볼트] 사이에는

$$E=1239.8/\lambda$$

의 관계가 있기 때문에 그래프의 오른쪽 파장(위의 눈금)이 짧아집니다.

어떤 반도체에서도 광흡수 계수는 밴드갭의 광자에너지의 위치에서 시작하고, 에너지의 증가와 함께 흡수가 강해지고 있습니다. 이 흡수의 시작 위치를 **광학흡수단**이라고 합니다.

그림 1을 보면, 결정실리콘(c-Si로기재)은 광학흡수단에서 광흡수계수의

증가 방향이 완만하고, 반면 CuInSe2 (CIS)에서는 증가가 급격하고, 흡수계수도 결정실리콘보다 두자리 큰 것을 알 수 있습니다. 같은 광 흡수양을 얻기 위해 CIS라면 결정실리콘의 1/100의 두께도 좋습니다. 이와 같이 반도체의 광흡수 스펙트럼은 태양전지를 제작할 때 중요한 정보를 제공합니다.

요점체크

- 반도체에서 광자에너지가 광학흡수단보다 클 때 빛을 흡수한다.
- 광흡수계수의 증가가 완만한 것과 가파른 것이 있다.

[그림 1] 여러가지 태양전지용 반도체의 광흡수스펙트럼

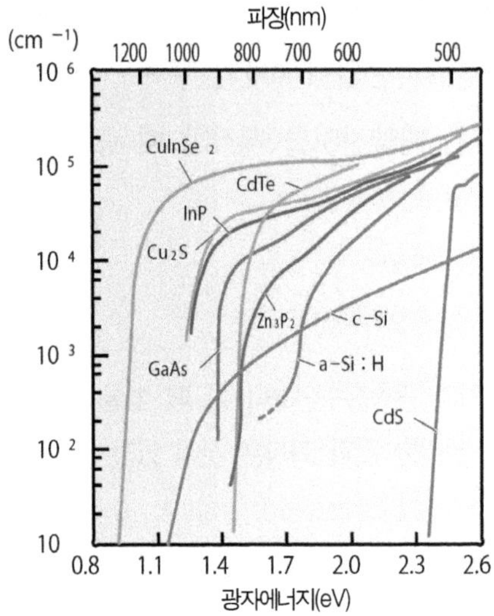

$CuInSe_2$	셀렌화구리인듐(약칭 CIS)
Cu_2S	황화구리 (광물이름 : 휘동광)
InP	인화인듐 (통칭 : 인듐인)
CdTe	텔루르화카드뮴 (통칭 : 카드뮴텔루트)
GaAs	히화갈륨 (통칭 : 갈륨비소)
Zn_3P_2	인화아연
c-Si	결정실리콘
a-Si:H	수소화비정질실리콘
CdS	황화카드뮴(통칭 : 씨디에스)

용어설명

빛의 감쇠의 모습을 나타내는 광흡수계수

반도체에 Io 라는 힘을 가진 빛이 입사했다고 한다. 이 빛이 반도체 속을 x [cm] 전진하는 동안 광흡수계수를 α라 하면 빛의 강도 I (x)는 I(x)=Io exp(-ax) 로 표시된다. 그림은 3개의 α값에 대해, 빛의 감쇠의 모습을 그린 것이다. α = 10^4cm^{-1} 이면 x=1/a=10^{-4} [cm] = 1 [μm] 진행했을 때, 입사광의 1/e = 0.371이 감쇠한다. 두께 3um에서 빛의 강도는 5 % 이하이다. 즉, 대부분의 빛이 흡수된다. 이에 대해 α = 10^3cm^{-1} 라면, 3μm 진행에도 빛의 강도는 74 %이다. α = 100cm^{-1}에서는 빛은 거의 흡수되지 않는다. 따라서 α 는 물질내의 빛의 감쇠를 나타내는 척도임을 알 수 있다.

[그림] 광흡수계수와 빛 감쇠의 모습을 나타내는 그래프

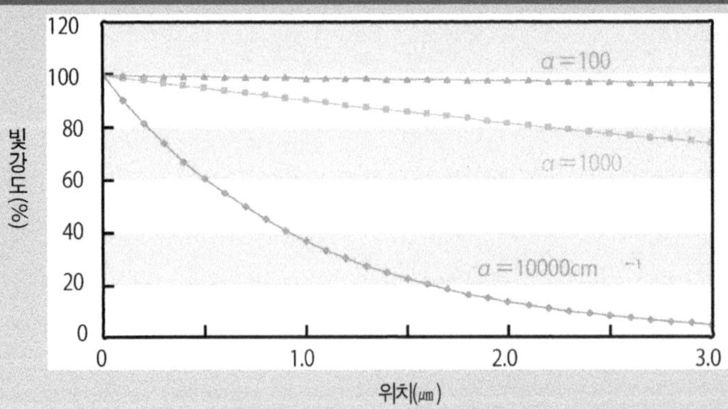

[040] 75%의 점유율을 자랑하는 결정계 실리콘 태양전지 ①

결정계 실리콘 태양전지는 1950년대 부터 역사가 있기 때문에 신뢰성이 높고, 세계 태양전지 생산량의 75%를 차지하고 있습니다. 결정계는 단결정과 다결정이 있다. 그 차이점에 대해 설명할 때 공통기술과 과제를 소개합니다.

단결정과 다결정의 차이점

단결정이란 그림 1(a)와 같이 원자 배열의 규칙성이 재료 전체에 걸쳐 유지되고 있는 것을 말합니다. 실리콘 단결정은 결정 전체에 있어서 배열의 규칙성이 제대로 지켜지고 혼란이 없습니다. 다결정같이 결정 입계가 없으므로 캐리어의 재결합이 적고 고성능입니다. 그러나 제조비용이 높은 것이 단점입니다.

한편, 다결정이란, (b)와 같이 재료전체가 다수의 결정립(그레인)으로 되어 있고, 결정립 내부의 규칙성은 유지되고 있지만, 입자간의 방위관계는 불규칙하다는 것을 말합니다. 다결정실리콘은 단결정실리콘 절단주물을 용해시켜 주형에 넣어 굳힌 것으로, 실리콘 부스러기이므로 저렴합니다. 결정 입계(결정립과 결정립의 경계선)는 결정 결손이 있고, 빛에서 생성된 캐리어를 붙잡을 수 있어서 단결정에 비하여 변환 효율이 떨어집니다.

단결정과 다결정의 공통점

그림 2는 결정 실리콘의 광흡수 스펙트럼입니다. 광학흡수단의 1.13eV 보다 약간 높은 광자에너지 1.25eV의 광흡수계수 α는 약100cm-1에 지나지 않습니다. (039)에서 언급했듯이, 빛이 실리콘 내부 1/a = 0.01 = 100μm 정도까지 진입합니다. 따라서 실리콘 태양전지는 100μm 이상의 두께가 없으면 입사한 빛이 통과해버려 전기를 만들 수 없습니다. 따라서 결정계 실리콘태양전지는 150 ~ 300μm 의 두꺼운 실리콘 웨이퍼가 사용되고 있습니다.

요점체크

- 단결정은 배열의 규칙성이 유지되어 고성능이지만 높은 비용
- 다결정은 다수의 결정입자로 구성되어 성능은 떨어지지만 저렴한 비용

[그림 1] 단결정과 다결정 원자배열의 차이

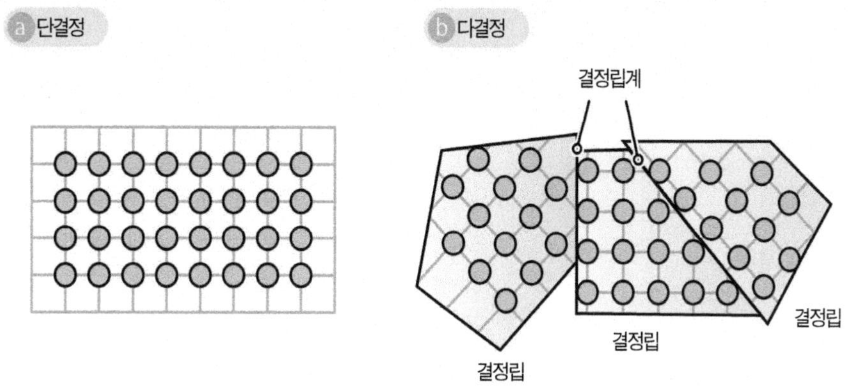

[그림 2] 실리콘 결정의 광흡수 스펙트럼

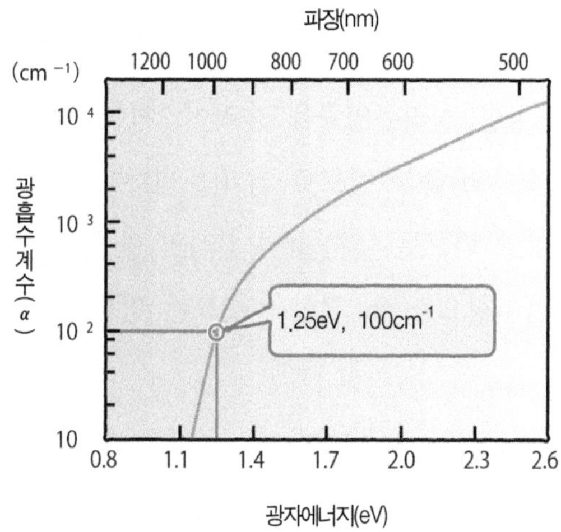

광흡수계수 α를 광자에너지 E에 대하여 그린 그래프. 세로축은 대수 눈금. 밴드갭(1.13eV) 부근에서 광흡수가 시작, 광자에너지가 증가할 때 완만하게 증가한다. 밴드갭 바로 윗쪽에너지의 광흡수계수는 작고, 125eV(파장약1μm)에서 α=100cm^{-1}에 불과하여 실리콘내부로 1/α=0.01cm까지 진입한다.

실리콘의 특성 한계

실리콘은 간접천이형이기 때문에 직접천이형인 갈륨비소 등에 비해 광흡수계수가 작고, 충분한 두께의 결정이 아니면 빛을 전기로 바꿀 수 없다.

[041] 75%의 점유율을 자랑하는 결정계 실리콘 태양전지 ②

결정계 실리콘 태양전지 셀의 제조공정

단결정에도 다결정에서도 태양전지셀 제조공정에 큰 차이는 없습니다. 제 1장에서 "pn 접합 다이오드는 p형 반도체에 n형 반도체를 더하여 만든다"고 썼지만, 실제 제작법은 그렇지 않습니다.

그림 1은 결정계 실리콘 태양전지의 제조공정을 플로우차트 형태로 나타낸 것입니다. p형 실리콘잉곳을 슬라이스하여 웨이퍼를 만들고, n형을 만드는 불순물(도우너)을 고밀도로 첨가(도핑)하고, 온도를 올리어 불순물을 확산시켜 p형을 만드는 불순물(억셉터)의 밀도를 보다 높임으로써 표면 근처를 실효적인 n형으로 pn 접합을 만드는 방법이 취해집니다.

빛으로 주입되는 것은 소수캐리어: 태양전지는 소수캐리어 디바이스

그림2는 결정계 실리콘 태양전지의 단면입니다. 위와 같이 태양전지의 대부분은 p형입니다. 빛은 p층 전체적으로 침투하고 가전자대의 전자를 전도대로 여기합니다. 따라서 전도대 전자와 가전자대의 홀이 생성되지만, 홀은 p형 영역의 다수캐리어이므로 빛으로 약간 증가해도 오차범위입니다. 이에 대해 전자는 원래 p형 영역에는 존재하지 않는 소수캐리어이기 때문에, 여분의 캐리어로 증가합니다. 이것을 "빛에 의해 소수캐리어가 주입되었다" 고 표현합니다.

여분의 소수캐리어인 전자는 언젠가는 다수캐리어인 홀과 결합되어 소멸됩니다. 이것을 **재결합**이라고 합니다. 재결합까지의 시간을 **소수캐리어수명**(라이프타임), 재결합까지 이동거리를 **소수캐리어 확산거리**라고 합니다. 소수캐리어가 pn 접합 부근에 다다르지 않으면, p형 영역에서 빛에 의해 생긴 캐리어는 광기전력에 기여하지 못하기 때문에 태양전지는 소수캐리어 확산거리보다 두껍게 하지 않으면 안됩니다.

요점체크

- 결정계 실리콘태양전지는 소수캐리어를 이용하는 디바이스이다.
- 소수캐리어의 확산거리가 태양전지의 효율을 결정한다.

[그림 1] 결정계 실리콘 태양전지의 제조공정

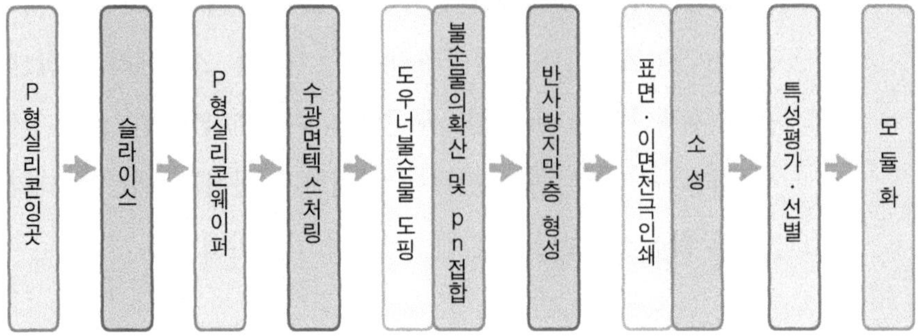

[그림 2] 결정계 실리콘 태양전지의 단면

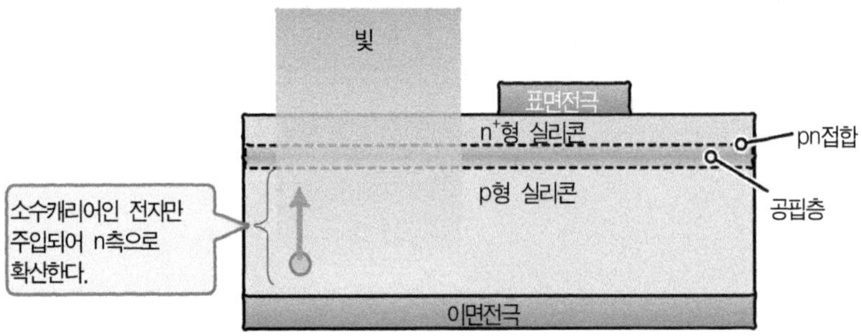

결정계 실리콘 태양전지는 p형 실리콘 기판위에 다량의 도우너를 첨가하여 표면을 고농도의 n+층으로 하여 pn접합을 만든다. 빛은 n+층, 공핍영역을 투과하여 p형 영역 전체에 진입한다. p형 영역에서는 소수캐리어인 전자가 여분의 캐리어가 되고 n접합 계면에서까지 확산되고 공핍층의 내부전위차에 의해 표면전극까지 끌어들여져서 광기전력에 기여한다.

용어해설

다수캐리어, 소수캐리어 : 반도체내의 주된 캐리어 (n형에서는 전자, p형은 홀)을 다수캐리어라고 부른다. 이에 대해 n형 영역에 있는 홀, p형 영역의 전자는 소수캐리어라고 부른다. 소수캐리어는 다수캐리어에 둘러싸여 있기 때문에 어느 시간이 지나면 다수캐리어와 재결합하여 소멸한다. 이 시간을 수명(라이프타임)이라고 부른다.

[042] 결정계 실리콘의 변환효율 챔피온 단결정 실리콘 태양전지

결정계 실리콘 태양전지 가운데, 단결정 실리콘을 사용하는 방법은 (008)에서 언급했듯이 1953년 벨연구소에서 개발되었습니다. 이후 꾸준히 연구개발이 진행되어 가장 신뢰할 수 있는 태양전지가 되었습니다. 단결정 실리콘 태양전지의 효율경쟁이 가장 활발했던 것은 1990년대였습니다. 제 2장에서 언급한 다양한 요소기술(반사방지막, 텍스처링, 표면보호막 등)의 결합에 의하여 셀 변환효율은 벨연구소의 최초의 셀의 10배근처인 24.5%에 달했고, 모듈효율도 23%까지 올랐습니다.

표 1은 1990년대에 개발된 실리콘계 태양전지의 참피온데이타를 비교하여 나타낸 것입니다. 셀 변환효율 24.5%, 모듈효율 22.7%의 최고 데이터를 내놓은 뉴사우스웨일즈 대학(UNSW)의 셀은 고품위의 FZ 단결정을 사용하기 때문에 그림 1에 표시된 바와 같은 구조를 갖고, PERL (Passivated-Emitter, Rear-Lacalized)이라고 명명되었습니다. 또한 UNSW는 CZ 단결정을 이용한 45.7cm2 의 대면적셀로 21.6 %의 변환효율을 내고 있습니다. FZ법, CZ법의 자세한 내용은 2 장 (019)에 기술되어 있습니다.

표 1에는 주조(캐스트)법으로 제작하는 다결정셀 및 모듈의 효율도 실려 있습니다. 주조법에서도 소면적셀에서 20 %에 가까운 변환효율이 보고되고 있지만, 100cm^2 이상 대면적셀에서는 17 %대 밖에 되지 않습니다. 다결정의 경우 모듈로 할 때의 변환효율은 면적 0.1m^{2}에서 15 % 정도입니다.

21세기가 되자, 저비용화가 최대의 관심사가 되고 변환효율 경쟁은 자취를 감추었습니다. 단결정실리콘 태양전지에서 아직도 1990년대의 것이 최고 데이터라고 하는 것은 유감입니다.

요점체크

- 변환효율 최대의 단결정실리콘 태양전지는 FZ 결정으로 만든다.
- 태양전지모듈 효율은 셀효율에 비해 상당히 낮다.

[표 1] 결정계 실리콘 태양전지 및 태양전지 모듈의 변환효율(1990년대)

종류	재료	변화효율	면적	연구기관
셀	FZ단결정	24.5	4.0	UNSW*(호주)
		22.6	4.0	日立(일본)
	CZ단결정	21.6	45.7	UNSW*(호주)
	주조(캐스트) 다결정	19.8	1.0	UNSW*(호주)
		17.2	100	シャープ(일본)
		17.8	225	京セラ(일본)
모듈	FZ단결정	22.7	778	UNSW*(호주)
	주조다결정	15.3	1017	Sandia(미국)

* 뉴사우스웨일즈대학

[그림 1] 뉴사우스웨일즈 대학에서 개발한 PERL셀의 구조

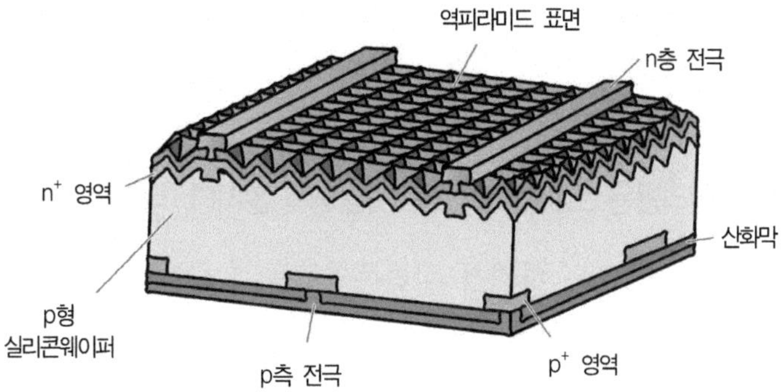

PERL 셀의 구조는 고품질의 p형 실리콘웨이퍼를 사용하여 표면을 역피라미드 형태의 텍스쳐 구조로 가공하고 그 위에 반사방지막을 덮은 것. 실리콘표면과 뒷면에 얇은 산화막을 형성하여 표면재결합손실을 막고 있다. 산화막의 표면에 작은 비아를 설치하여 전극부분과 실리콘의 접촉 면적을 감소시킨다. 뒷면에는 고농도 p+영역을 설치하여 전기저항을 감소시킨다.

[043] 효율은 단결정보다 낮지만 저가의 다결정 실리콘 태양전지

주조(캐스트) 다결정 실리콘은 대량생산이 가능

다결정 실리콘잉곳은 도가니(주형)에서 실리콘을 용해하여 용액을 하단에서 상단을 향해 응고(direct freezing)시키는 방법, 또는 그림 1에 모식적으로 나타내었듯이, 성장용 도가니로 다른 도가니에서 용액을 쏟아 성장시키는 방법에 의해 주조됩니다 (자세한 내용은 2 장 (020) 참조). 주조법은 단결정성장과 동일한 정도의 시간내에 단결정잉곳의 10배에 가까운 수백 kg의 다결정잉곳을 얻을 수 있으므로 생산성이 높고, 에너지 소비가 낮다는 장점이 있습니다.

다결정 실리콘은 트랜지스터로는 사용하지 않지만, 태양전지로는 사용한다.

그림 2는 다결정 실리콘잉곳을 모식적으로 그린 것입니다. 다결정 잉곳은 다수의 결정입자가 가득 차 서로 접하고 있습니다. 결정립안에는 단결정과 동일한 규칙성을 가지고 있습니다. 결정립 및 결정립경계를 결정립계 또는 입계라고 합니다.

그림 3 (a)와 같이, 트랜지스터나 LSI 등의 전자장치는 면내에서 캐리어가 이동하기 하기 때문에, 입계가 캐리어의 움직임을 방해하지 않도록 단결정을 사용하지 않으면 안됩니다. 한편, 태양전지는 (b)와 같이 결정립에 수직으로 캐리어를 흘리므로, 입계가 있어도 태양전지의 광기전력에 너무

큰 영향을 가져오지 않습니다. 다결정계는 저렴한 비용으로 상대적으로 높은 효율을 얻을 수 있으므로 보급되고 있습니다. 물론, 입계 부근에는 결합의 끊어짐(댕글링본드)이 있고, 캐리어를 잡고 놓아주지 않으며, 입계를 통해서 누설전류가 흐르거나 하기 때문에, 표면보호기술 (제6장(077)을 참조)로 복원합니다.

요점체크

- 다결정 실리콘은 주조법등 저비용·에너지절약 방법으로 제조할 수 있다.
- 다결정 실리콘은 전자 디바이스용으로 사용할 수 없으나 태양전지에는 사용할 수 있다.

[그림 1] 태양전지용 다결정 실리콘은 실리콘의 주물

다결정 실리콘은 도가니(주형)에 실리콘 용융액을 넣어 아래부터 굳힌다.

[그림 2] 다결정 실리콘 결정립과 입계

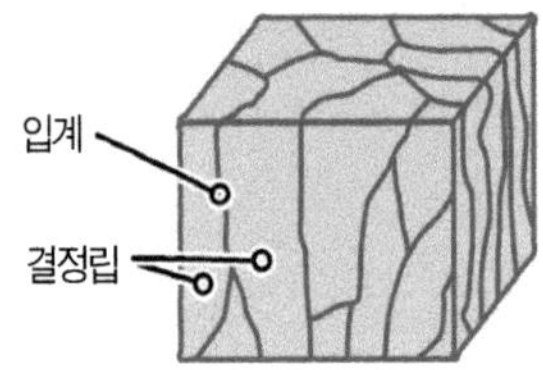

다결정 실리콘은 많은 실리콘 결정립이 서로 밀접하게 성장되어 있다. 결정립과 결정입의 경계를 입계라고 한다.

[그림 3] 다결정은 트랜지스터에 사용되지 않으나 태양전지에는 사용할 수 있다.

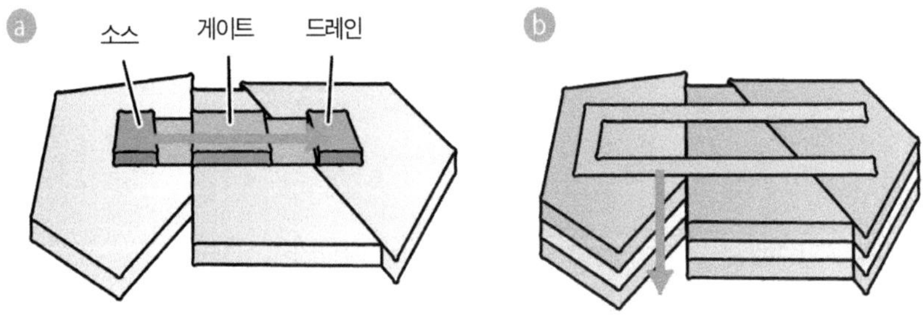

(화살표는 캐리어의 흐름을 나타낸다)

트랜지스터는 가로방향으로 캐리어를 흘리지 않으면 안되기 때문에, 다결정위에는 만들기 어렵다.

태양전지는 결정립에 수직방향으로 캐리어를 흐르기 때문에 다결정도 상관이 없다.

[044] 저효율이지만 재료비용이 저렴한 박막실리콘 태양전지 ①

실리콘재료 수급이 부족

오늘날의 태양전지 붐에 의해 실리콘잉곳의 수급이 부족하게 되었습니다. 재료가 적게 소모되는 박막태양전지의 보급이 기대되지만, 결정계 실리콘 태양전지는 광흡수가 약하기 때문에 100 ~ 300μm의 두께가 없으면 입사한 빛의 전부를 사용할 수 없습니다. 실리콘 태양전지의 박막화는 가능한 것일까요? 동일한 실리콘계에도 (039)의 그림 1에 나타낸 바와 같이, 수소화비정질실리콘(a-Si:H)는 밴드갭 (1.7eV) 바로 윗쪽의 2.0eV에서 10^4cm-1를 넘는 흡수계수를 가지고 있어서 박막태양전지를 만들 수 있습니다. 그림 1에 나타낸 솔라계산기에 사용되는 태양전지의 재료는 비정질실리콘입니다.

수소화 비정질실리콘 박막과

결정실리콘의 원자배열과 비정질실리콘의 원자배열의 차이를 그림 2에 표시하였습니다. 실리콘 원자근처만을 보면, (a)의 결정실리콘에도 (b)의 비정실실리콘에도 4개의 결합손을 내고 있습니다(이것을 4 배위라고 한다).

결정실리콘은 (a)에 나타낸 단위포(다이아몬드구조)가 주기적으로 반복되는 장거리에 걸친 규칙성(장거리질서)를 가지고 있다. 하지만 비정질실리콘은 결합손 길이와 각도에 움직임이 있기 때문에, 장거리질서를 잃고 4

배위를 유지할 수 없게 되고, 3배위 실리콘이 나타납니다. (b)의 점선부분은 원자가 아니라 남은 1개의 전자가 여기저기 다니는 것입니다. 이것을 **"댕글링본드"** (미결합손)라고 합니다. 이것이 있으면 불순물을 첨가해도 도우너나 억셉터가 되지 않습니다. 사이렌가스를 글로우 방전법으로 분해하여 제작하는 수소화비정질실리콘은 그림 2의 (b)에 나타낸 바와 같이 미결합손의 대부분이 수소와 결합하여 무력화되기 때문에 첨가한 불순물이 도우너나 억셉터로서 동작하여 실용적인 디바이스가 가능합니다.

요점체크

- 비정질 실리콘은 흡수계수가 높고, 박막태양전지의 재료가 된다.
- 미결합손을 수소와 결합함으로써 p형, n형을 실현할 수 있다.

[그림 1] 솔라계산기의 태양전지는 비정질실리콘 박막

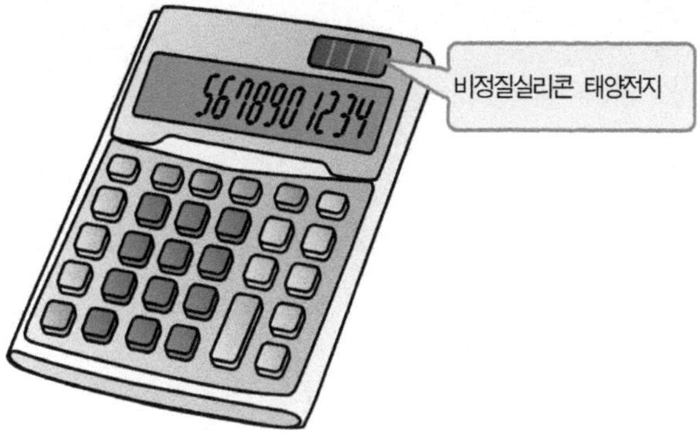

[그림 2] 결정실리콘과 수소화 비정질실리콘의 원자배열의 비교

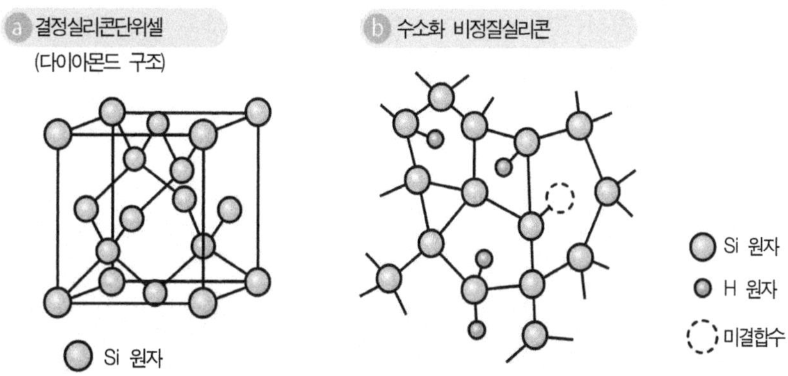

(단위셀 : 결정내 원자배열의 반복단위)

결정도 비정질도 가까운 거리의 결합은 4배위이지만, 결정에는 원자와 원자의 결합수의 길이나 결합각도가 일정하고 단위셀의 구조가 주기적으로 반복되는 반면, 비정질에는 결합수의 길이와 각도에 요동이 있고 주기성이 아니라 군데군데 4배위를 유지할 수 없게 되어, 미결합수가 생기게 한다.

수소화 비정질실리콘의 역사

비정질실리콘의 연구는 1960년대부터 행해지고 있었지만, 진공증착, 스퍼터법등의 방법으로 n형 또는 p형을 만들거나 태양전지 pn접합 디바이스를 만드는 것을 할 수 없었다. 1975년 영국의 과학자 스피어와 루콘바는 실란가스(SiH_4)를 방전에 의해 분해하여 적층하는 방법을 이용하여 비정질실리콘의 pn접합을 제작하는데 성공하고, 포스핀(PH_3)을 혼합한 것으로 n형을 지보란(B_2H_6)을 혼합한 것으로 p형을 실현했다. 이 방법으로 p형, n형을 실현할 수 있었던 것은 미결합수가 실란에 포함되는 수소와 결합함이 원인이라는 것도 분명히 했다.

[045] 저효율이지만 재료비용이 저렴한 박막실리콘 태양전지 ②

비정질실리콘 박막태양전지는 pn접합이 아니라 pin접합

수소화 비정질실리콘(a·Si:H) 박막태양전지는 결정계실리콘 태양전지와 달리 소수캐리어의 확산을 사용하지 않습니다. 비정질실리콘의 pn접합은 결정실리콘 같은 양호한 다이오드 특성을 얻을 수 없습니다. 그 이유는 불순물을 첨가하여 n형 또는 p형인 비정질실리콘은 무첨가한 것에 비하여 품질이 떨어져 미결합손이 캐리어를 잡아 놓지 않거나, 캐리어가 미결합손 사이를 날라가서 이동하여 접합을 쇼트시켜 버리거나 하는 것 때문입니다.

이것을 방지하기 위해 그림 1의 단면과 같이, p층 및 n층 사이에 무첨가로 품질이 좋은 i층(i는 intrinsic: 진성의 약어)을 삽입합니다. i층에서 발생한 광캐리어 쌍중 홀은 p층과 i층의 계면에 생긴 내부전위차 (011 참조)를 사용하여 p층 쪽에 모으고, 전자는 i층과 n층의 계면에 생기는 내부전위차를 이용하여 n층 측에 모아서 전자와 홀을 효율적으로 분리시킵니다.

비정질실리콘의 광흡수는 결정계실리콘보다 강하다.

그림 2는 비정질실리콘의 광흡수 스펙트럼을 모식적으로 나타낸 것입니다. 그림에서 삽입된 작은 그림은 A부근의 흡수계수의 타우트 플롯이라고 부르는 그래프로 직선부분이 제로를 만나는 위치에서 밴드갭 Eo를 얻을 수 있습니다.

비정질실리콘의 Eo는 결정계실리콘 1.1eV보다 높은 1.7eV입니다. 1.7eV에 해당하는 빛의 파장(약 730nm)보다 파장이 긴 빛은 투과하기 때문에, 비정질실리콘박막은 붉게 보입니다. 광흡수 스펙트럼의 상승분은 실리콘보다 급격하게 되어 수 μm 두께의 막으로도 충분히 빛을 흡수합니다. 따라서, 결정계의 1/10~1/100 두께도 좋기 때문에 자원을 절약합니다. 또한 제2장의 (021)에 언급했듯이, 박막은 대면적의 유리기판에 증착할 수 있으므로 생산성이 높고 비용이 저렴합니다.

요점체크

- 비정질 실리콘 태양전지는 pin 구조이다.
- 비정질 실리콘은 광흡수의 상승이 급격하기 때문에 박막으로 OK.

[그림 1] 수소화 비정질실리콘 박막태양전지의 구조

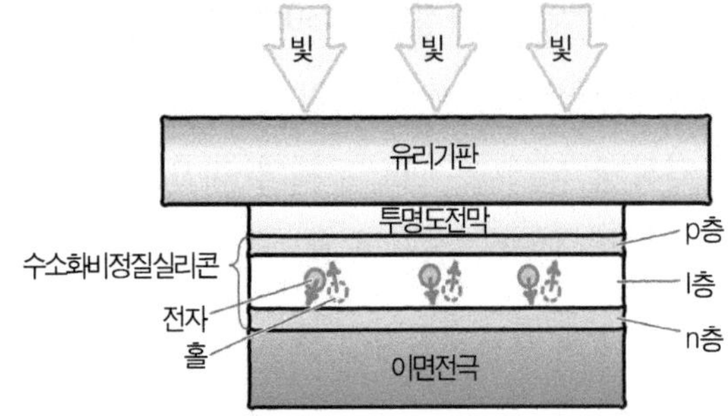

박막실리콘태양전지는 투명도전막을 붙인 유리기판에 p층,i층,n층 이면전극의 순서로 비정질실리콘 박막을 증착한 구조로 되어 있다

[그림 2] 비정질실리콘의 광흡수 스펙트럼

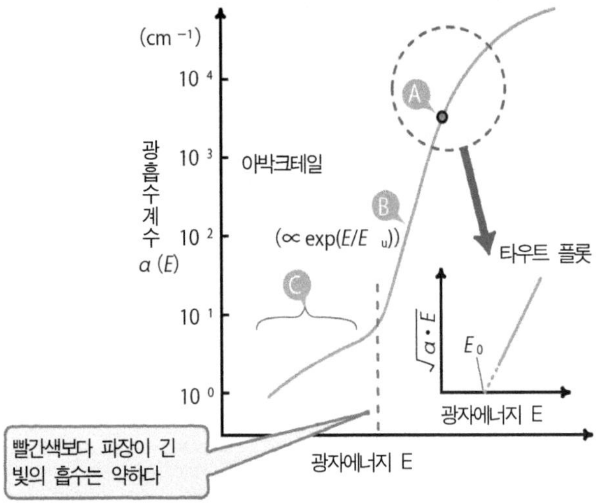

- A부근을 삽입 그림과 같이 그려서 고치면 밴드갭 Eo가 요구된다. 광학적으로 요구되었기 때문에 "광학밴드갭"이라 부른다(비정질실리콘의 Eo는 약 1.7eV).
- B부근은 원자배열의 혼란에 의거하여 지수관계적으로 증가하고 있다 (아박크테일이라고 부름).
- C근처의 흡수는 비정질특유의 갭 내 상태이다.

삽입 그림은 광흡수계수α와 광자에너지E의 곱의 제곱근을 광자에너지E에 대해 그린 "타우트플롯"이라는 그래프이다. 직선부분을 연장하여 제로를 만나는 에너지가 밴드갭 Eo가 된다.

[046] 저효율이지만 재료비용이 저렴한 박막 실리콘 태양전지 ③

미결정실리콘과 비정질실리콘을 결합한다

그림 1은 높은 변환효율을 나타내는 박막실리콘태양전지의 단면구조의 일례로, 빛의 입사방향(창층)의 p층에 밴드갭이 큰 **수소화 비정질탄화규소**(a-SiC:H)을, i층에는 **수소화 비정질실리콘**(a-Si:H), n층은 이동도가 크고 전도성이 높은 **미결정실리콘**(uc-Si)을 이용하는 이종접합구조(헤테로구조)로 되어 있습니다.

이 미결정실리콘은 비정질실리콘을 제조하는 것과 같은 플라즈마 CVD 장비 (021 참조)를 사용하여 실란가스와 함께 공급하는 수소가스의 유량을 늘리는 것만으로 만들 수 있으므로 비정질실리콘증착과 같은 방법을 사용할 수 있는 것이 장점입니다.

미결정실리콘은 그림 2와 같이 비정질실리콘의 바다에 수nm의 결정이 몇 개 떠 있는 상태입니다. 일종의 다결정 실리콘이기 때문에, 밴드갭은 결정계 실리콘과 같은 1.13eV이고, 태양광의 빨강에서 근적외선에 걸친 성분도 사용할 수 있습니다.

강한 빛에 특성이 열화하는 것이 비정질실리콘의 약점

비정질실리콘 태양전지의 약점은 광 열화입니다. 실내 빛처럼 약한 빛이라면 결코 광 열화하지 않지만, 강하게 태양광에 비추게 되면 처음에는

10%였던 변환효율이 7~8%까지 떨어져 버립니다. 이 광 열화 현상은 발견자의 이름을 따서 **스테부라 · 론스키 효과**라고 합니다.

미결정실리콘은 당연히 광 열화는 받지 않습니다.

요점체크

- 박막실리콘 태양전지는 비정질 및 미결정의 조합을 사용한다.
- 박막실리콘의 약점은 완전히 해명되지 않은 광 열화 현상에 있다.

[그림 1] 박막실리콘 태양전지의 단면

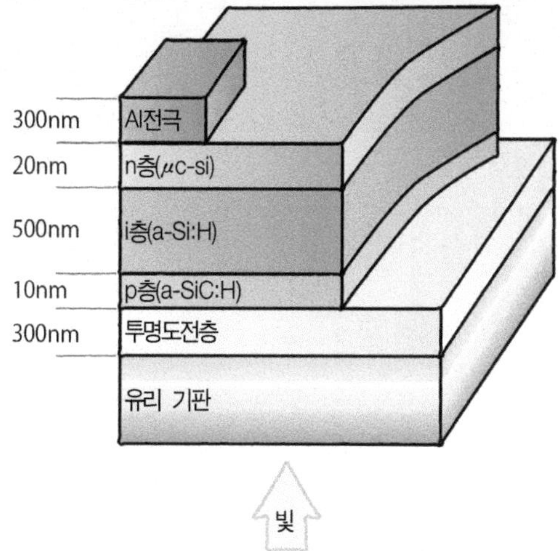

박막실리콘 태양전지는 투명도전막을 붙인 유리 및 플라스틱 기판위에 p층으로 밴드갭의 크기가 큰 a-SiC:H, i층으로 a-Si:H, n층으로 밴드갭이 작고 전도성이 높은 미결정 실리콘(μC-Si)를 적층하고 알루미늄 이면전극을 붙인 헤테로구조로 되어 있다.

[그림 2] 미결정실리콘(μc-Si:H)의 이미지

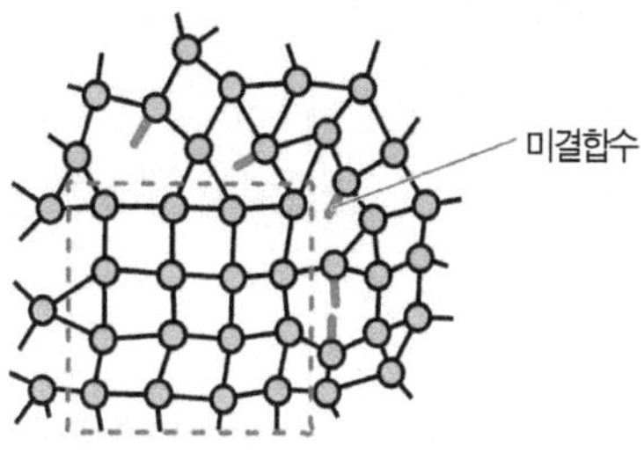

점선으로 둘러싼 부분은 미결정, 그 주위는 비정질, 빨간색선은 비정질실리콘 되지 않은 결합수

용어설명

스테부라 · 론스키효과 : 1977년 미국의 연구자 스테부라와 론스키는 a-Si:H에 AM-1, 100mW의 태양광을 조사하면 광도전 효과가 감소하는 것과 150도 정도 열처리로 회복되는 것을 보고했다. 또한 a-Si:H 태양전지는 빛의 조사로 변환효율이 15~20% 감소하는 것으로도 문제가 되어, 발견자 이름을 따서 스테부라 · 론스키효과라고 한다. 후에 빛의 조사에 의해 생긴 결함(미결합손)이 원인으로 되어있지만, 아직 완전히 해명되지 않았다.

[047] 우주에서 활약하는 III-V족 화합물반도체계 태양전지

각종 인공위성이나 우주정거장의 주요전원은 태양전지입니다(그림 1). 우주용은 지상용과 달리 발사비용을 최소화하기 위해 무게당 발전량이 크고, 따라서 고효율의 태양전지가 요구됩니다. 또한 우주에는 강한 방사선에 노출되기 때문에, 방사선 손상이 적은 재료가 요구됩니다.

GaAs(화학명: 히화갈륨, 일반이름:갈륨비소)을 대표로 하는 III-V족 화합물반도체를 이용한 태양전지는 높은 변환효율을 나타내며 방사선 손상에 강하기 때문에 인공위성이나 우주정거장에 채용되고 있습니다 (III-V에 대해 (048)참조).

(049)에 서술된 바와 같이 GaAs결정 및 박막은 제작비용이 높지만 우주 개발은 높은 변환효율이 우선되기 때문에 채택되는 것입니다.

실리콘보다 두자리수 큰 GaAs의 광흡수

표 1에 나타낸 바와 같이 III-V족 화합물반도체 태양전지는 단일접합으로 25%, 다중접합으로 30%, 집광형으로 40% 이상의 높은 셀 변환효율을 나타내는 것이 개발되어 있습니다 (다중접합 및 집광형에 대해서는 제3장 참조).

왜 III-V족 화합물반도체 태양전지의 변환효율이 높은지를 대표적인 GaAs를 예로 설명합니다. 그것은 광흡수계수가 크고, 빛을 강하게 흡수하기 때문입니다. 그림 2와 같이 실리콘은 간접천이형이기 때문에 광흡수계수가 광자에너지와 함께 천천히 증가하는 반면, 직접천이형의 GaAs의 흡수계수는 급격하게 증가합니다. 광흡수계수를 광학흡수단 바로 윗쪽의 광자에너지에 비하면 실리콘은 A에서 100cm-1 인데 반해, GaAs는 B에서 10^4cm-1로 두자리 가까이 높은 것을 알 수 있습니다 (직접천이, 간접천이에 대해서는 제 5장에서 상세히 설명)

요점체크

- 우주용 태양전지에는 비용보다 고효율과 방사선내성이 요구된다.
- III-V족 화합물은 광흡수가 강하고, 높은 변환효율을 얻을 수 있다.

[그림 1] 태양전지패널은 인공위성이나 우주정거장의 주요한 전원

[그림 2] III-V족 화합물 반도체계 태양전지셀의 성능 비교

재료	비집광/집광	접합수	단자수	변화효율(%)	발표자, 발표년도
GaAs(박막)	비집광	단접합	2	26.1	Radboud U.2009
GaAs	집광(232sun)	단접합	2	28.8	Fraunhofer,2009
GaAs(다결정)/Ge기판	비집광	단접합	2	18.4	RTI,1997
InP(에피박막)	비집광	단접합	2	221	Spire,1990
GaInP/GaAs	비집광	2접합	2	30.3	Japan Energy,1996
GaInP/GaAs/Ge	비집광	3접합	2	32.0	Spectrolab.,2003
GaAs/CIS	비집광	2접합	2	25.8	Kopin/Boeing,1988
GaInP/GaAs/Ge	집광(364sun)	3접합	2	41.6	Spectrolab.,2009

출전 : M.A.Green et al. : Solar cell efficiency table (version 35) , Prog. Photovolt : Res. Appl. 18 (2010)144–50

[그림 3] 실리콘과 GaAs의 광흡수계수 비교

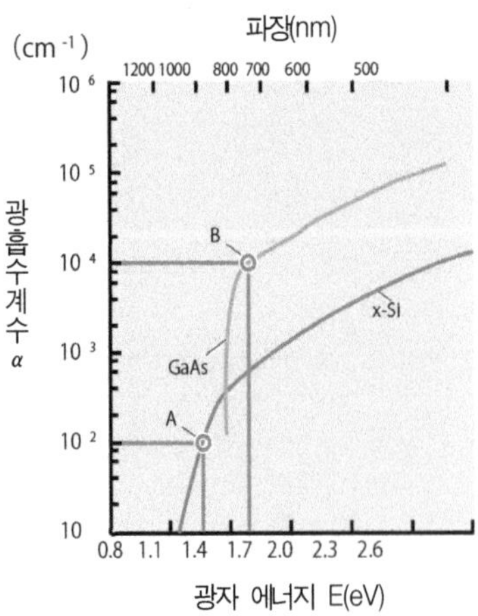

Si의 광학흡수단 (1.11eV)보다 광자에너지가 0.14eV 높은 E=1.25eV(A점)에서 광흡수계수는 약 100cm^{-1}인데 반해, GaAs에서는 광학흡수단 1.43eV보다 0.08eV 높은 E=1.5eV(B점)에서 104cm^{-1}에 달하고 있으며, 광학흡수단 바로 위의 흡수계수는 GaAs가 Si보다 두 자릿수 높은 것을 알 수 있다.

[048] Ⅲ-V족 화합물반도체의 결정구조와 원자결합

Ⅲ-V족 화합물반도체의 결정구조

그림 1의 (b)에 갈륨비소(GaAs)의 결정구조(ZB:섬아연광물구조)를 나타냅니다. GaAs는 (a)의 실리콘의 결정구조(다이아몬드구조)에서 규소(Si)원자를 1가지마다 III족의 갈륨(Ga)원자와 V족의 비소(As)원자로 대체한 형태를 취합니다. 섬아연광석구조의 단위포는 입방체입니다. GaAs와 같은 III족과 V족 화합물을 Ⅲ-V족 **화합물**이라고 합니다. III-V족이라고 하는 것은, III족과 V족의 화합물을 의미합니다. III족은 주기율표의 13라인에 세로로 늘어선 붕소(B), 알루미늄(Al), 갈륨(Ga), 인듐(In)이라는 금속 원소로, 현재의 화학교과서에는 제13족이라는 명명되어 있습니다. 한편, V족은 15라인에 있는 질소(N), 인(P), 비소(GA), 안티몬(Sb), 비스무트(Bi)라는 배열의 원소입니다.

Ⅲ-V족 화합물반도체의 원자간 결합

실리콘은 단 한 종류의 원자로 생기는 반도체입니다. 그림 2(a)와 같이 실리콘의 가수는 4, 따라서 가장 바깥쪽 전자는 1원자당 4개 있습니다. 실리콘 각 원자가 전자를 4개의 공유결합에 내놓아 원자끼리 결합하여 결정을 만들고 있습니다. III-V 족은 (b)와 같이 III족 원소의 3개의 가장 바깥쪽 전자와 V족 원소의 5개의 가장 바깥쪽 전자를 함께하여 총 8개의 가장 바깥쪽 전자를 4개씩 나누어 합하여 실리콘과 같은 공유결합을 만들어

반도체의 성질을 가집니다.

표 1에는 갈륨비소와 동일한 결정구조를 가지는 III-V족 화합물반도체결정의 격자상수(단위포의배열의주기), 밴드갭, 캐리어수송특성(전자이동도와 홀이동도)을 나타내고 있습니다. 갈륨비소의 밴드갭은 1.43eV으로 실리콘의 1.13eV보다 크고, 전자이동도는 실리콘(약1000cm2/Vs)보다 높은 9750cm 2/Vs라는 값을 갖고 있습니다.

요점체크

- 갈륨비소로 대표되는 III-V족 화합물은 공유결합성 반도체이다.
- 대부분의 III-V족 반도체는 입방결정구조를 가지고 있다.

[그림 1] 실리콘과 갈륨비소의 단위셀(결정구조의 반복 단위) 비교

ⓐ 실리콘(다이아몬드 구조) ⓑ 갈륨비소(섬아연구조)

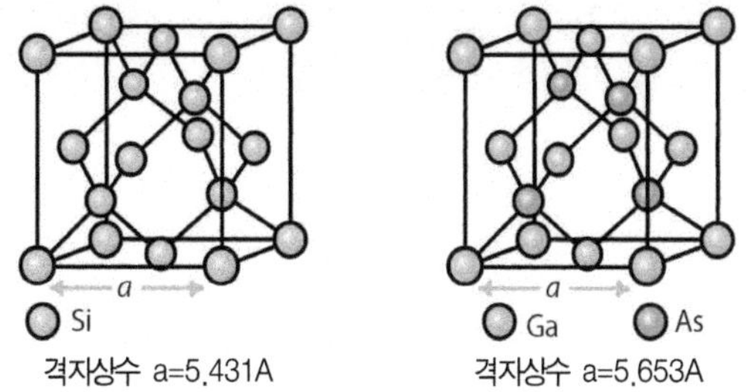

GaAs(섬아연광물구조)는 (a)의 실리콘결정(다이어몬드구조)의 Si원자를 (b)의 Ga원자(노란색)와 As원자(자주색)로 규칙적으로 대체한 결정구조를 가진다.

[그림 2] 실리콘과 갈륨비소의 결합 비교

ⓐ 실리콘 결합 ⓑ 갈륨비소 결합

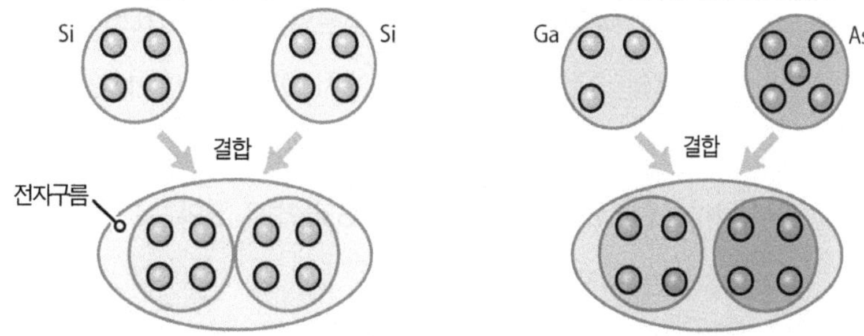

실리콘은 2개의 원자가 4개의 전자를 내놓아 총 8개의 전자를 나누어 함께 공유결합 하고 있다.

Ga에서 3개, As에서 5개의 전자를 내놓아 총 8개의 전자를 나누어 함께 공유결합 하고 있다.

[그림 3] Ⅲ-Ⅴ족 화합물반도체 목록

화합물	결정구조	격자상수(A)	밴드 갭(eV)	전자 이동도(cm^2/Vs)	홀 이동도(cm^2/Vs)
GaP	ZB	a=5.4512	2.27	190	150
InP	ZB	a=5.8686	1.34	540	150
AlAs	ZB	a=5.6605	2.15	594	
GaAs	ZB	a=5.6533	1.42	9750	450
InAs	ZB	a=6.0584	0.36	33000	450
AlSb	ZB	a=6.1355	1.62	200	400
GaSb	ZB	a=6.0959	0.75	7700	1000
InSb	ZB	a=6.4794	0.18	77000	850

[049] 효율 40%의 혼성결정구조 Ⅲ-Ⅴ족 화합물반도체계 태양전지

(047)의 표 1에 나타낸 바와 같이 30%이상의 고효율의 III-V족 화합물 반도체계 태양전지는 2접합, 3접합의 구조를 가지고 있습니다. GalnP/GaAs의 2접합 탠덤 구조(탠덤은 2장 026참조)에서 30.3%, GalnP/GaAs/Ge 3접합 탠덤 구조에서 32%로 되어 있습니다. 경주에서 우승한 솔라자동차의 태양전지(효율 35%)는 GalnP/GalnAs/Ge 3접합 탠덤구조입니다. GalnP(갈륨인듐인)은 GaP와 InP의 혼성결정(2개 이상의 반도체를 섞어 만든 반도체)입니다.

혼성결정은 혼합된 2개의 금속비율(조성비)에 의하여 그 물리적 성질을 다양하게 바꿀 수 있습니다.

그림1 (c)에 나타낸 것은 GalnAs (Ga1-xlnxAs)의 결정구조입니다. (a)의 GaAs에 (b)의 InAs를 섞으면 (c)의 혼성결정이 생기지만 공통의 As원자(자색)는 바뀌지 않고 In 조성을 늘려가면, Ga원자(노란색)의 일부가 임의로 In원자(하늘색)로 바뀌어 갑니다.

탠덤 구조를 만들기 위해서는 그림 2와 같이 밴드갭이 다른 반도체를 결정격자가 연결되도록 적층하지 않으면 안됩니다. 결정 격자가 연결되도록 단결정을 성장시키는 것을 **에피택셜성장법**이라고 합니다. 격자가 연결되지 않으면 위에 올린 박막의 계면부근에 전위(위치 바뀜)가 생겨서 특성이 나빠집니다.

에피택셜성장은 MBE(분자선에피택시)나 MOVPE(유기금속기상에피텍시)등 전자 디바이스 제조를 위한 고급장비에서 수행되기 때문에 큰면적에 대응하지 못하고 비용이 높아집니다.

요점체크

- III-V족계 태양전지는 에피택셜성장된 단결정막을 이용한다.
- 실제 태양전지에는, III-V족 혼성결정이 사용된다.

[그림 1] GaAs, InAs, $Ga_{1-x}In_xAs$ 혼성결정구조

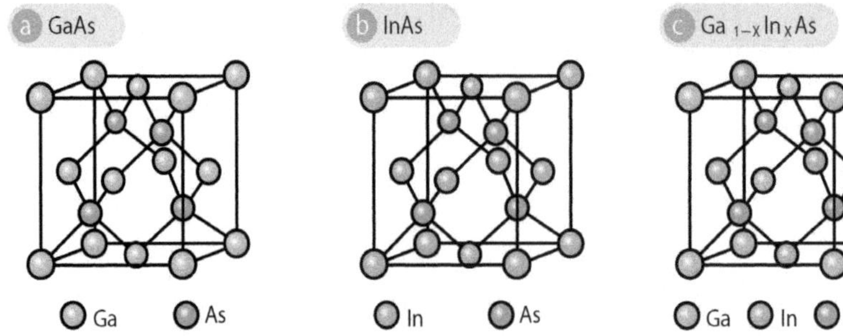

(a)의 GaAs에 (b)의 InAs를 섞으면 (c)의 혼성결정이 생기지만 공통의 As 원자(자색)은 바뀌지 않고 In 조성을 늘려가면, Ga원자(노란색)의 일부가 임의로 In원자(하늘색)로 바뀌어 간다.

[그림 2] 혼성결정을 만들어서 결정격자를 연결

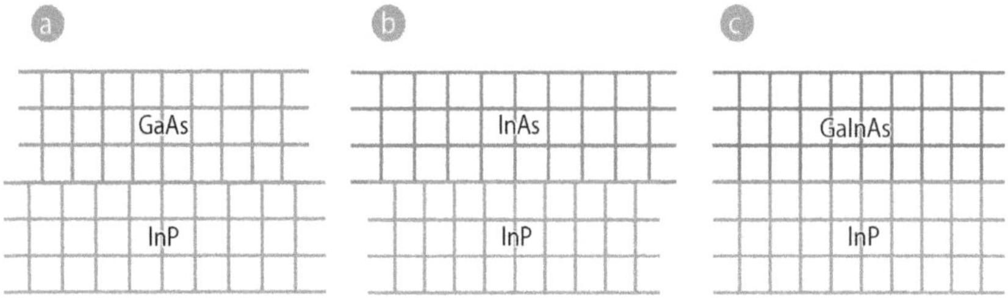

(a) GaAs(격자상수 a=5.653Å)를 InP 결정(격자상수 a=5.869Å)에 성장시키려고 하면 격자를 연결할 수 없다. (b) InAs(격자상수 a=6.05SÅ)를 InP 결정에 성장시키는 경우에도 격자를 연결할 수 없다. 적절한 조성비를 가지고 GaInAs 혼성결정을 만들어서, (c)와 같이 격자상수가 InP와 같게 되면 성장할 수 있다

용어설명

MBE(분자선에피텍시) : 박막결정성장법의 하나. 높은 진공에 이르는 K셀이라고 하는 도가니에 재료를 가열하여 기화하고 마주 놓은 기판위에 결정을 반응, 합성시켜 에피텍셜 성장을 시킨다.

MOVPE(유기금속기상에피텍시) : 박막결정성장법의 하나. 수소나 어떤 캐리어가스에 트리에틸렌 갈륨(TEG), 아신(AsH3)등의 유기금속가스를 넣고 가열한 기판위에 유기금속을 분해하여 결정을 반응, 합성하여 에피택셜성장을 시킨다.

[050] 저렴한 비용으로 폭발적으로 보급되고 있는 CdTe 박막태양전지

III-V족 화합물과 마찬가지로 II족과 VI족(S, Se, Te)를 함께 사용하여도 공유결합성 반도체를 만들 수 있습니다. II족은 아연(Zn), 카드뮴(Cd) 등 주기율표의 12열에 속하는 2가 금속입니다. 태양전지재료 CdTe (텔루루화 카드뮴, 통칭 카드뮴텔루루)는 II-VI족 반도체의 하나입니다. 그림 1과 같이 Cd는 최외각전자를 2개 밖에 갖고 있지 않지만 가장 바깥쪽 전자를 6개 가진 VI족과 사이에 외각전자를 내놓아 총 8개의 전자를 나눠 공유 결합합니다. 소면적셀의 변환효율 최고데이터는 16.7%로 다결정박막에서도 10% 이상의 높은 변환효율을 나타냅니다.

CdTe는 그림 2와 같이 광흡수가 급격하게 올라가는 직접천이형반도체입니다. 밴드갭은 1.48eV에 위치하여 (026)에서 소개한 이론적인 한계변환효율에는 가장 높은 변환효율이 기대됩니다. CdTe 태양전지에는, p형 재료로 CdTe을 사용하고, n형 재료로 CdS를 이용해 pn 접합을 만듭니다. 이와 같이 서로 다른 물질의 접합을 **헤테로접합**이라고 합니다.

그림 3은 CdS/CdTe 태양전지의 단면 구조입니다. 투명도 전막을 붙인 유리기판에 CdS (n형)의 박막을 증착한 것을 기판으로, 근접승화법으로 CdTe을 증착하고 카본을 뒷면전극으로 도포하는 대량 생산 목적의 매우 간단한 프로세스로 제작합니다.

Cd를 사용하기 때문에 독성이 강하다는 마이너스이미지를 "납품에서 회수폐기까지를 일관되게 하고, 태양전지의 리사이클의 기술적인 과제에 공헌 한다"는 긍정적인 이미지로 전환하여 눈깜작할 사이에 박막태양전지시장을 석권한 것이 First Solar 회사입니다.

요점체크

- CdTe/CdS 태양전지는 프로세스가 간단하고 저렴한 비용과 효율이 높다.
- 태양전지의 재활용이라는 비즈니스모델로 Cd의 독성문제를 해결

[그림 1] CdTe 전자의 공유결합

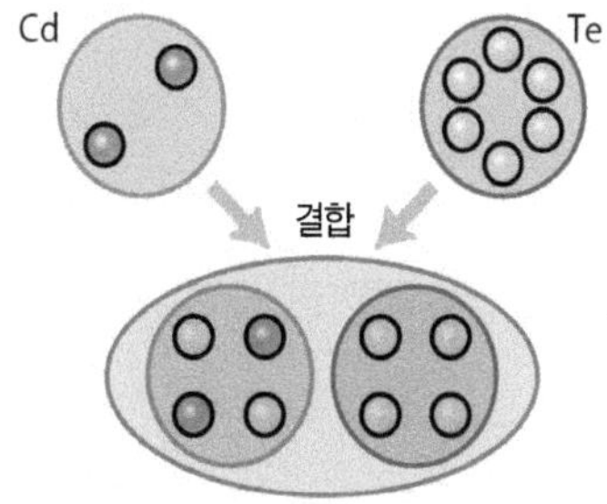

Cd에서 2개, Te에서 6개의 전자를 내고, 합계 총 8개의 전자를 서로 나누어 공유결합 한다.

[그림 2] 각종 반도체의 광흡수 스펙트럼

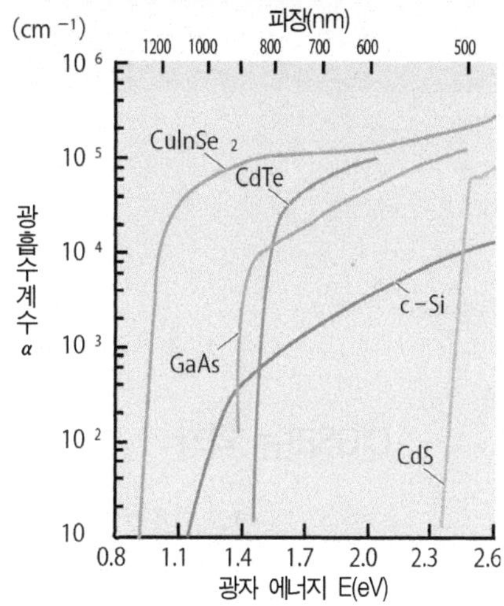

CdTe의 1.7eV의 광흡수계수는 GaAs보다 약 3배 크다

[그림 3] CdS/CdTe 태양전지의 단면 구조

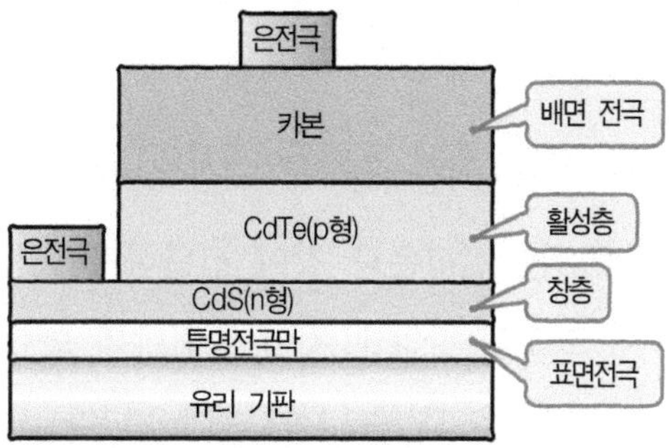

태양광은 유리 기판을 통하여 입사된다.

CdS/CdTe 태양전지는 투명도전막을 붙인 유리기판에 n층으로 CdS 박막, p층으로 CdTe박막을 증착하고 뒷면전극으로 카본을 도포하는 간단한 구조를 가진다.

[051] CIGS 박막태양전지의 결정구조와 물성

CIGS라는 약자

얇은 막으로 원료가 적게 소모하는데도 매우 변환효율이 높은 태양전지로서 지금 가장 뜨거운 화제를 모으고 있는 것이 CIGS 태양전지입니다. CIGS라는 것은 구리(Cu), 인듐(In), 갈륨(Ga), 셀레늄(Se)의 4원소에서 생기는 Culn1-xGaxSe2 화합물반도체의 머리글자를 딴 약칭입니다. 3원(3개의 원소로부터 구성)화합물반도체 CulnSe2 (약칭CIS)의 인듐의 일부를 갈륨으로 바꾼 혼성결정반도체입니다.

CIS는 실리콘족의 후예: 화합물반도체의 계보 그림에 보이는 다원화의 흐름

CIS는 실리콘과 같이 간단하지는 않지만, 훌륭한 실리콘족의 후예입니다. 그것을 나타낸 것이 그림 1의 화합물반도체의 다원화의 계보입니다.

실리콘은 IV족(14족) 원소입니다. (048)에서 III-V족이 (050)에서 II-VI족이, IV족과 등전자 공유결합을 만드는 것을 설명하였습니다. 또한 II-VI족에서 II족(12족) 원소를 1족(11족)와 III족(13족)으로 대체하고 VI족 원소를 2개 사용하여 만들어지는 I-III-VI2족도 공유결합성의 반도체가 됩니다.

원자의 배열방법(결정구조)은 황동광과 같음

그림 2는 CulnSe2 결정의 단위포(반복단위가 되는 입체구조)를 보여줍

니다. GaAs등의 섬아연광구조를 2단으로 하고 Cu와 In을 규칙적으로 배치한 것입니다. 이 원자배치는 금빛으로 번쩍이는 황동광(CuFeS2)과 동일하므로 황동광의 영문이름 "chalcopyrite“를 사용하여 칼코파이라이트구조라고 합니다.

표 1은 CIS와 동류인 I-III-VI2 족 반도체를 정리한 것입니다. 은은 고가이므로 태양전지재료로서 구리밖에 사용되고 있지 않습니다. I-III-VI2 반도체의 밴드갭은 적외선, 가시광선, 자외선의 광범위한 파장영역에 걸쳐 있습니다.

요점체크

- CIGS는 Cu, In, Ga, Se의 4원소로 이루어진 화합물반도체의 약칭
- CIGS는 황동광 같은 “칼코파이라이트구조”를 가짐

[그림 1] 화합물반도체의 다원화 계보

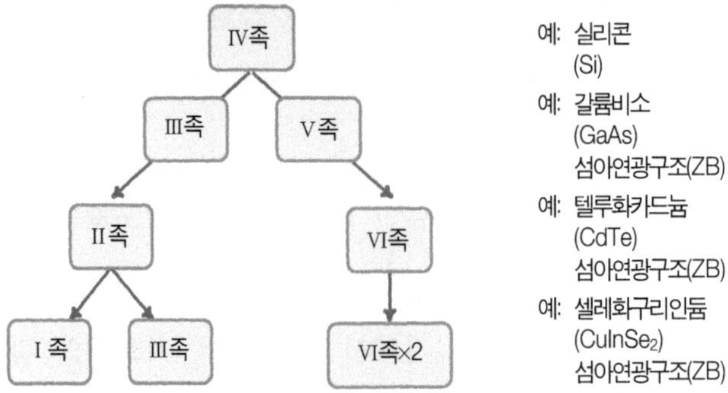

이외, III-V족 II족원소를 II족과 IV족으로 대체한 II-IV-V2족 반도체도 있지만, 여기에서는 생략

[그림 2] 섬아연광 구조(좌)와 칼코파이라이트 구조(우)

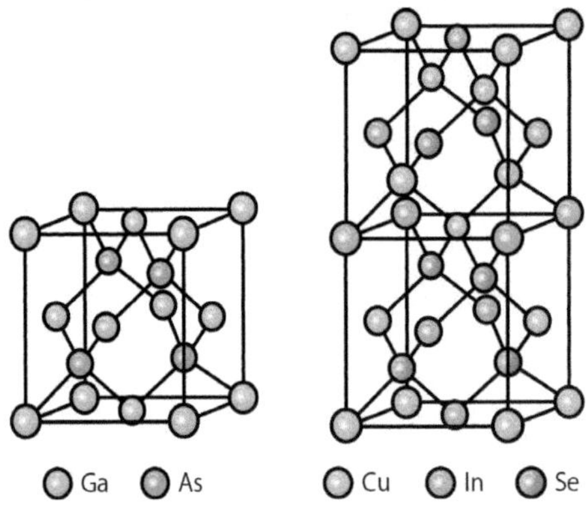

칼코파이라이트구조(오른쪽)의 단위포는 섬아연광구조(왼쪽)의 단위포를 2단으로 쌓아 두가지양이온을 규칙적으로 배치한 결정구조를 가짐

[그림 3] CIS의 동류들

화합물	밴드갭(eV)	격자상수(Å)		화합물	밴드갭(eV)	격자상수(Å)	
		a	c			a	c
$CuInSe_2$	1.04	5.79	11.60	$GuInS_2$	1.53	5.52	11.08
$CuGaSe_2$	1.6	5.61	11.01	$CuGaS_2$	2.5	5.35	10.48
$CuAlSe_2$	2.7	5.60	10.91	$CuAlS_2$	3.5	5.31	10.43
$AgInSe_2$	1.04	6.10	11.68	$AgInS_2$	1.9	5.82	11.18
$AgGaSe_2$	1.9	5.82	11.18	$AgGaS_2$	2.7	5.75	10.29
$AgAlSe_2$	2.55	5.96	10.74	$AgAlS_2$	3.13	5.70	10.26

[052] CIGS 박막태양전지셀의 결정구조와 특성

CIS는 광흡수가 반도체중에서 가장 강하다

CIS(CulnS2)는 직접천이형반도체이므로, (050)의 그림 2에 나타낸 바와 같이, 광흡수계수는 다른반도체에 비해 매우 크고 이 때문에 단 1~2μm의 얇은막에서도 태양광을 강하게 흡수합니다. 인듐(In)의 일부를 갈륨(Ga)으로 대체하여 치환한 CIGS는 밴드갭이 1.25eV부근에 있고, 변환효율이 높고, 소면적셀에서 20%라는 높은 값이 보고되고 있습니다. 대면적 모듈에도 실리콘다결정태양전지의 변환효율과 손색없는 16%의 값이 보고되었습니다.

1kW 발전하는 데에 실리콘은 5kg 필요하지만, CIS는 구리+ 인듐 60g으로 OK

그림 1을 참조하면 실리콘태양전지는 약 200μm 두께의 실리콘 결정이 필요하므로 1kW의 출력을 얻기 위해서는 실리콘이 약 5kg 필요하지만, CIGS 박막에는 2μm의 두께로 충분하기 때문에 같은 1kW를 생산하는 금속재료의 총 무게는 60g으로 훨씬 많은 자원절약을 얻습니다. 박막실리콘보다 효율이 높고, 광 열화가 없고, 제조비용도 낮기 때문에 다결정실리콘을 능가하는 것으로 기대되고 있으며, 일본, 독일, 대만에서 양산이 시작되고 있습니다.

CIGS 셀은 낮은 비용

CIGS 태양전지의 구조를 그림 1에 나타내었습니다. 기판으로는 저렴한 소다라임 유리를 이용하고 기판에 몰리브덴 박막을 스퍼터링법으로 증착하고 이어서 CIGS 박막을 3단계 다원증착법 또는 합금박막셀렌화법으로 증착하고, 이어 황화카드뮴(CdS) 등 밴드갭이 큰 초박막을 CBD(화학약품 침지)법에 의해 증착합니다. 더하여 산화아연 투명도전막을 MOCVD(유기금속기상화학증착)에 의해 증착하고 마지막으로 금속배선을 붙여 완성합니다. 이처럼 CIGS는 큰면적을 자원절약하고 저렴한 비용으로 제작할 수 있습니다.

요점체크

- CIGS는 광흡수가 강하여 자원절약과 고효율
- 기판도 제조프로세스도 비용이 적게 듦

[그림 1] CIGS태양전지와 실리콘 태양전지가 1W 발전시에 필요한 재료의 중량비교

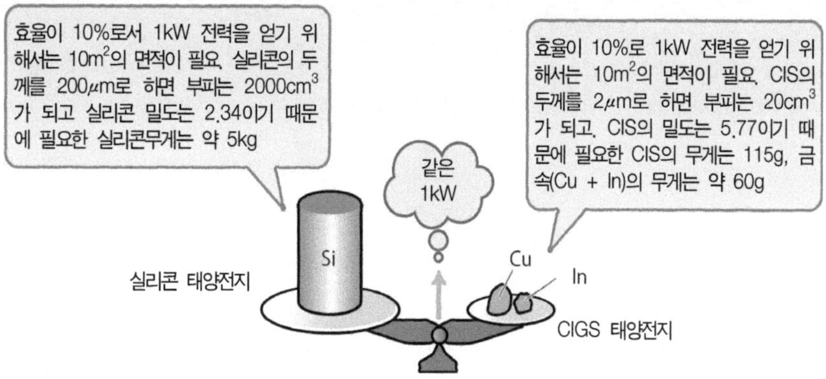

[그림 2] CIGS 태양전지 셀의 단면구조

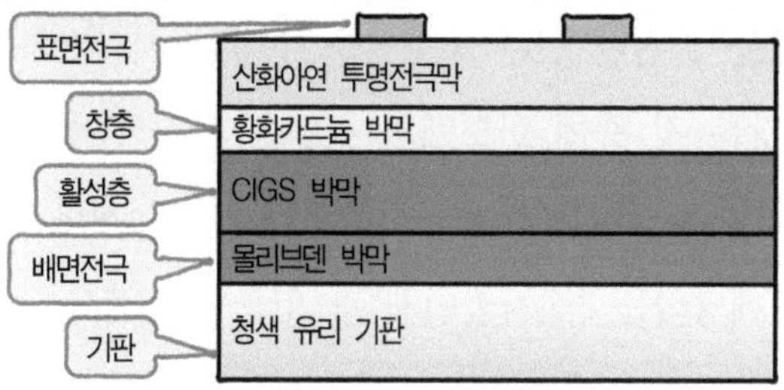

CIGS 태양전지는, 청판유리기판에 붙인 이면전극 몰리브덴(Mo)의 위에, CIGS 박막, CdS 또는 ZnS, 산화아연투명도전막, 표면전극의 차례로 적층한다

인듐을 사용하지 않은 CZTS태양전지

CIGS는 실리콘에 비해 자원 절약을 얻을 수 있지만, In의 클라크수 (제 7장 081 참조)는 0.00001%로 낮고, 게다가 평판 디스플레이의 투명도 전막 ITO의 재료로 수요가 높아, 자원부족이 염려된다

용어설명

3단계 다원증착법 : Cu, In, Ga, Se의 4가지 원소를 3단계 순으로 증착하여 CIGS막을 형성한다. 제 1단계에서는 In, Ga, Se을 증착, 2단계에서 Cu, Se를 증착, 제 3단계에서는 미량의 In, Ga, Se를 증착하고 조성을 조정한다. 20%의 고효율셀은 이러한 방법으로 제작된다.

합금박막셀렌화법 : Cu, In, Ga을 원료로 스퍼터링법으로 합금막을 증착하고, 셀렌화수소 H2Se 등을 이용하여 셀렌화하여 CIGS박막을 제작한다. 중효율이지만 대량생산이 목적이다.

[053] 유기화합물과 탄소를 이용하여 전기를 만드는 유기태양전지

탄소화합물중 산화물등 일부 화합물을 제외한 것을 **유기화합물**이라고 합니다. 플라스틱은 유기화합물의 일종입니다. 유기화합물은 일반적으로 전기를 흘리지 않는 절연체이지만, 전기를 흘리는 성질(전도성)을 가지는 것이 있다는 것을 발견한 것은 노벨상을 수상한 시라카와 히데키입니다.

전도성을 갖는 것 중에 반도체의 성질을 가진 물질이 있어, 이것을 **유기반도체**라고 합니다. 유기반도체는 무기반도체의 p형에 해당하는 "전자수용체"와 n형에 해당하는 "전자공여체"가 있으며, 양자를 조합하여 태양전지를 만들어 내는 것이 가능합니다. 유기반도체의 특징은 용액의 도포나 인쇄에 의해 간단하게 대면적의 박막을 싸게 제조할 수 있어 유연한 태양전지를 만드는 것이 가능합니다.

유기고분자(폴리머) 도포형 유기박막태양전지는 유기반도체의 성질을 가진 폴리머를 전자수용체로, 풀러렌(C60)의 유도체(PCBM)를 전자공여체로서 이용하여 단일셀로 5%정도, 탠덤셀로 최고 6.5%의 변환효율을 얻을 수 있습니다.

도포형 태양전지는 무기 태양전지와 같이 p형 영역과 n형 영역이 명확하게 분리되어 있지 않고, 그림 1과 같이 전자수용체와 전자공여체가 얽힌 **벌크헤테로구조**를 취합니다. 이 태양전지의 경우 폴리머 반도체의 캐리어의 확산거리가 짧기 때문에 두 재료의 계면만이 빛을 전기로 변환하는데 기여하고 효율의 향상에는 한계가 있다고 알려져 있습니다.

최근 개발된 pin접합형 유기태양전지에서 테트라벤조포르피린(BP)같은 저분자유기반도체를 전자공여체로서 이용하여 결정충전구조를 가진 풀러렌유도체(SIMEF)를 전자수용체로 채택해서 무기태양전지와 같이 p영역과 n영역을 분리하는 구조를 만들어내어, 높은 변환효율을 달성하고 있습니다.

요점체크

- 유기태양전지에는 광 캐리어의 확산거리가 짧기 때문에 계면에서 발전한다.
- 전자수용체와 전자공여체가 얽힌 벌크헤테로구조가 사용된다.

[그림 1] 벌크 헤테로 구조 유기태양전지의 내부 구조의 모식도

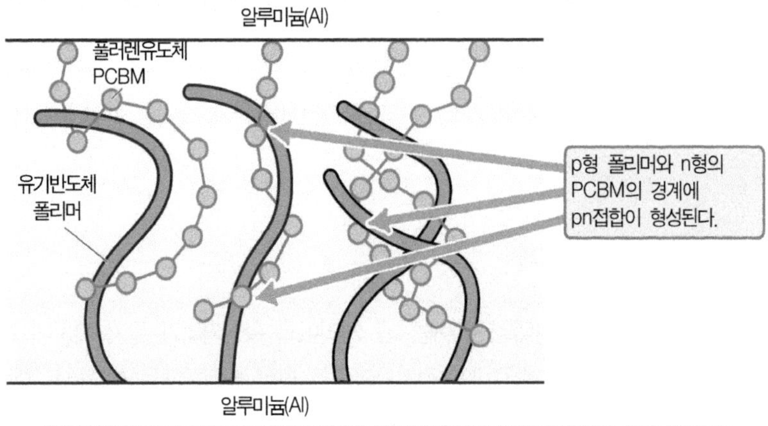

벌크헤테로형 유기태양전지는 투명도전막 ITO를 붙인 유리기판에 전자수용체(p형)의 유기반도체폴리머와 전자공여체(n형)의 풀러렌유도체 PCBM의 혼합물을 도포하고, 표면전극으로 알루미늄을 붙인다. 광조사에 의해 유기반도체로 광 캐리어쌍이 생겨 폴리머와 PCBM이 얽혀 계면의 내장전위차로 분리되어 ITO가 마이너스, 알루미늄이 플러스가 된다.

[그림 2] 종래의 벌크헤테로 접합형 유기반도체 태양전지와 pin형 유기태양전지

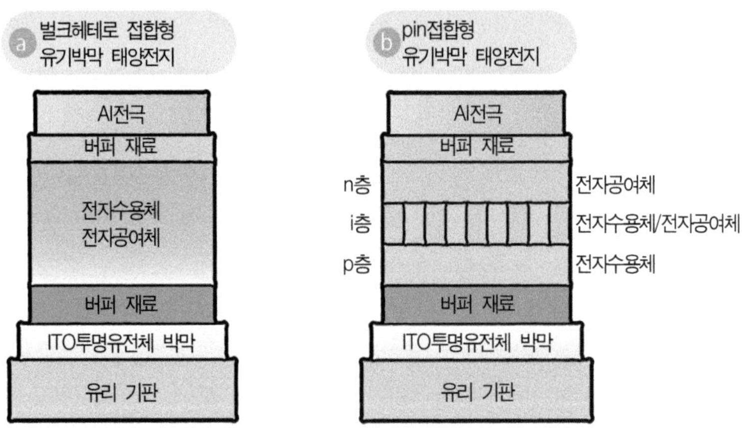

(b)는 최근 개발된 pin접합형태양전지로, n층(저분자유기반도체), i층(pn혼합층), p층(풀러렌유도체 SIMEF)순서로 적층된다. p층, n층이 분리되어 있기 때문에 고효율이다

[054] 산화티타늄과 색소로 만드는 색소증감태양전지

산화티타늄(TiO_2)은 광촉매로 사용되는 반도체입니다. 밴드갭은 3.0~3.2eV이므로 가시광선은 거의 흡수하지 않기 때문에 무색투명하여, 이대로는 태양전지가 되지 못합니다. 그래서, 산화티타늄 표면에 색소분자를 흡착시키고, 색소에 가시광선을 흡수시켜 생성된 전자와 홀을 통해 발전하는 것이 **색소증감태양전지**입니다.

그림 1에 1991년 스위스 구렛체루가 발명한 색소증감태양전지의 구조를 나타내었습니다. 요오드 용액에 투명전극에 고정된 산화티타늄(TiO_2) 미립자에 색소분자(루테늄 착체)를 흡착시킨 전극(음극)과 백금(Pt)전극(양극)를 담그어 둡니다. 빛을 쬐면 색소분자의 전자가 빛에너지를 받고 Ti02의 전도대에 들어가는 한편, 요오드화물이온 I- 는 색소에 전자를 공급(산화)하여 요오드가 됩니다. 요오드는 반대극으로부터 전자를 받아 환원되어 I-로 돌아갑니다. 따라서 백금측이 플러스, 산화티타늄측이 마이너스가 되어 전류가 흐릅니다. 이것이 색소증감태양전지 광기전력의 원리입니다.

색소증감태양전지의 변환효율은 11.2%에 달하고 있으며, 색소나 산화티탄의 형상등을 연구하여 더욱 높은 효율을 목표로 한 연구가 이루어지고 있습니다. 저비용을 살려 대규모 발전소건설도 검토되고 있습니다. 과제로는 습식이기 때문에 누액에 의한 열화문제가 있으며, 색소로 사용하는 루테늄복합체의 자원 문제가 있습니다.

색소증감태양전지는 축전지와 같은 구조를 가지므로 그림 2와 같이 전해액의 이온을 이용하여 전하축적 전극을 설치하고 축전기능을 갖게 하여 에너지 저장형 색소증감태양전지를 만드는 연구도 행해지고 있습니다. 이렇게 되면 “태양전지”라는 이름이 적격일 것입니다.

요점체크

- 색소증감태양전지는 색소분자에서 만들어진 광 캐리어를 이용한다.
- 요오드용액의 산화환원 전위차를 이용한다.

[그림 1] 색소증감태양전지의 구조와 동작원리

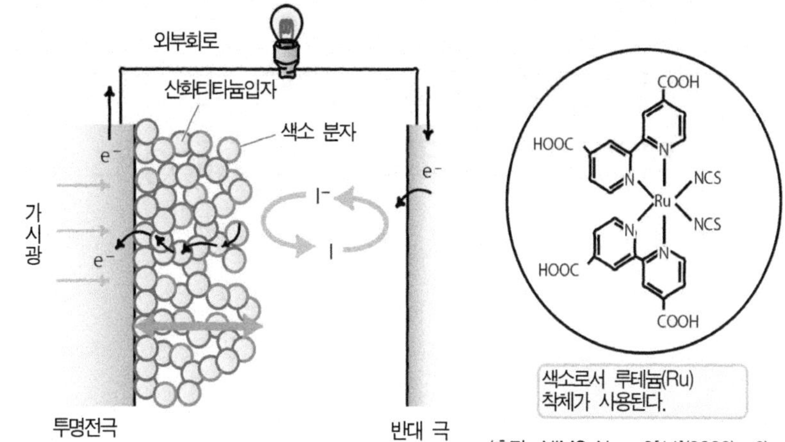

(출전 : NIMS Now 8[11](2008) p6)

빛을 쬐면 색소분자의 전자가 빛에너지를 받아, 색소의 여기분자궤도 LUMO에 들어간다. LUMO의 에너지준위는 산화티타늄의 전도대의 바닥보다 에너지가 크기 때문에 전자는 전도대로 이동하여 투명전극을 통해 외부회로에 흐른다. 한편, 색소의 분자궤도 HOMO에 남은 홀은 요오드화물이온 I- 로 이동하여 요오드가 된다. 요오드는 반대전극으로부터 전자를 받아 환원되고 I-로 돌아온다. 외부회로를 연결하지 않을 때의 개방전압 Voc는 n형 측의 페르미 준위(산화티타늄의 전도대의 바닥)과 p형 측의 페르미 준위(요오드의 산화환원전위:REDOX)의 차이가된다 (페르미 준위는 제 5 장 참조)

[그림 2] 에너지 저장형 색소증감태양전지의 구조와 동작 원리

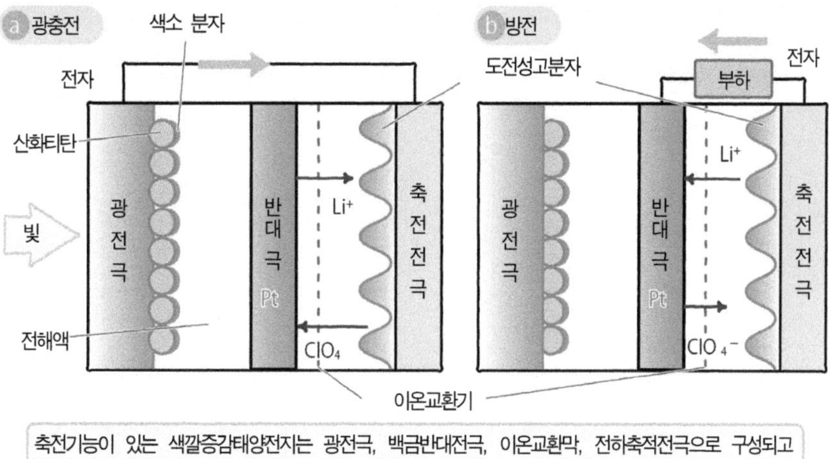

축전기능이 있는 색깔증감태양전지는 광전극, 백금반대전극, 이온교환막, 전하축적전극으로 구성되고 광조사때 전하축적전극에 리튬이온이 유입, 충전된다. 방전중에 축적전극에서 리튬이온이 방출되어 백금반대전극과의 사이에 전압을 꺼내는 것이 가능하다.

COLUMN

데이터가 말하는 태양광 발전의 진실 ③ 태양광발전의 경년 변화(aging)는 있는가?

그림 1은 필자의 측정된 연간 발전 전력량과 연간 판매 전력량의 연변화이다. 발전량은 당초 3700kWh 이었지만, 2008년에는 2800kWh로 24% 감소하였다. 이 감소는 태양광발전 모듈자체의 열화가 없다고도 말할 수 없지만, 2009년에 표면을 세척한 결과, 2010년에는 3300kWh로 복구 된 것에서 주로 유리 표면의 오염에 의한 것으로 생각된다. 또한 판매 전력량이 당초 1500kWh에서 1030kWh로 31% 감소하였지만, 이것은 15년간 가족 구성의 변화와 가전 제품의 증가가 있었기 때문이라고 생각된다.

[그림 1] 저자의 태양전지 연간발전전력량과 연간 판매전력량의 경년 변화

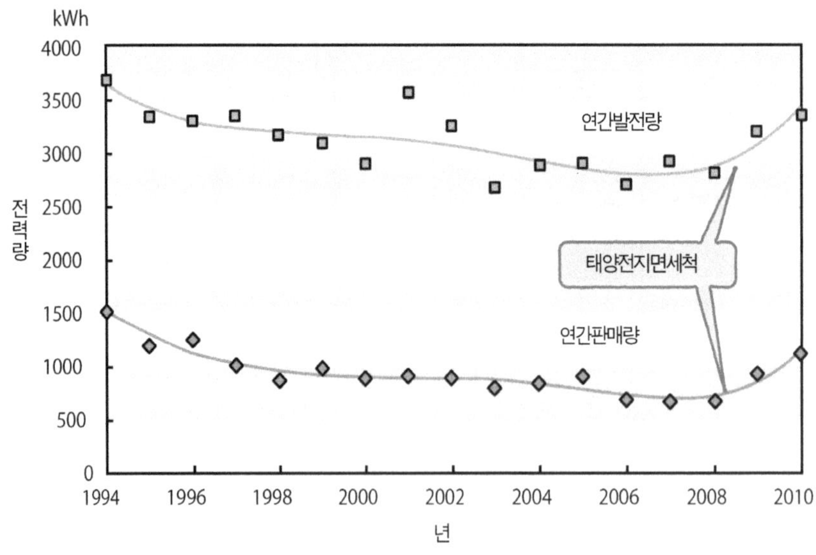

05

태양전지 반도체 입문 (상급편)

지금까지 각 장에서는 태양전지에 사용되는 반도체 물리와 소자 동작의 개요를 이해하는데 중점을 두고 공부하였다. 이 장에서는 태양전지를 이해하는데 필요한 반도체의 기초에 대하여, 이제부터 본격적으로 학습하려고 하는 지침을 제공하려고 한다.

[055] 금속의 광전 효과는 태양 전지에 사용할 수 없는 높은 전압을 가하지 않으면 광전류를 얻을 수 없다.

빛을 전기로 변환하는 현상으로 유명한 광전효과(외부 광전효과와 내부 광전효과)는 광학센서에 이용되고 있습니다. 그러나 이 현상으로 빛에서 에너지를 추출할 수는 없습니다.

금속도 광전 효과를 가진다.

그림 1의 (a)에 나타낸 광전관에서 진공 상태에 둔 금속 조각(광전면)에 빛을 대고 양극에 고전압을 가하면, 빛의 에너지가 금속의 일함수를 넘으면 광전자가 방출되어서 전류가 흐릅니다. 이것은 외부 광전효과라고 하며 아인슈타인이 광량자를 발견하는 실험으로 잘 알려져 있습니다. 이 현상을 이용한 고감도 광센서가, (b)에 나타낸 광전자 증배관에서 기후현 히다시의 카미오 칸데는 우주에서 온 고에너지 소립자를 찾는데 사용하고 있습니다. 그러나 광전자 증배관은 높은 전압에서 광전자를 끌어내고, 높은 전압에서 전자의 수를 늘릴 필요가 있기 때문에 전원이 필요하여서 태양 전지로는 되지 않습니다. 또한 외부 광전효과는 금속에 한하지 않고 반도체에서도 일어납니다. 반도체 광전면에 사용가능한 광전자 증배관도 시판되고 있습니다.

반도체에는 내부 광전효과가 있다.

반도체에 빛을 쬐면 광자 에너지가 밴드갭 이상일 때, 캐리어가 증가하고 전기 저항이 떨어지는 광도전 현상을 볼 수 있습니다. 이것은 앞서 말한 외부 광전효과와 비교하는 의미에서 내부 광전효과라고도 부르며, 그림 2와 같이, 어두워지면 가로등이 켜지는 자동 점등 장치의 광 스위치에 사용되고 있습니다. 그러나, 이것은 전기 저항이 변화하는 것이므로, 이 효과를 사용하여 에너지를 꺼낼 수는 없습니다. 에너지를 꺼내려면 다음 항목에서 설명하는 광기전력 효과가 필요하기 때문입니다.

요점체크

- 금속과 반도체는 내부 · 외부 광전효과를 나타내며, 광센서가 된다.
- 광전효과를 이용하기 위해서는 전원이 필요하며 에너지를 꺼낼 수 없다.

[그림 1] 광전관과 광전자 증배관

ⓐ 광전관

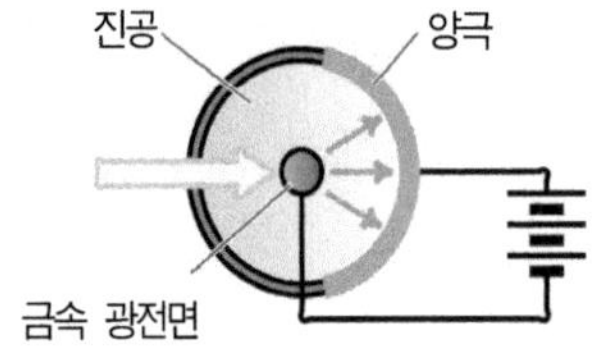

광전면에서 방출되는 광전자는 고전압을 인가하여 양극으로 끌어당긴다. 광전면에 플러스가 대전되므로 전원으로부터 공급되는 전자에 의해 중화되어 전류가 흐른다. 외부 전원 없이는 전류를 꺼낼 수 없다.

ⓑ 광전자 증배관

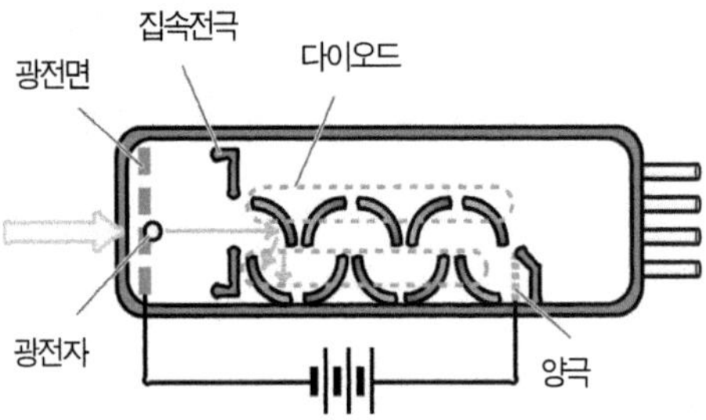

광전면에서 방출된 광전자는 다이오드에 충돌하고, 방출된 2차 전자가, 몇 단계의 다이오드를 통하여 증배되어, 양극에 도달하는 전류가 됩니다. 외부 전원없이는 전류를 꺼낼 수 없습니다.

[그림 2] 광도전 소자를 이용한 가로등 자동점등 장치

ⓐ 광도전 소자를 이용한 가로등의 자동점등 장치의 회로도

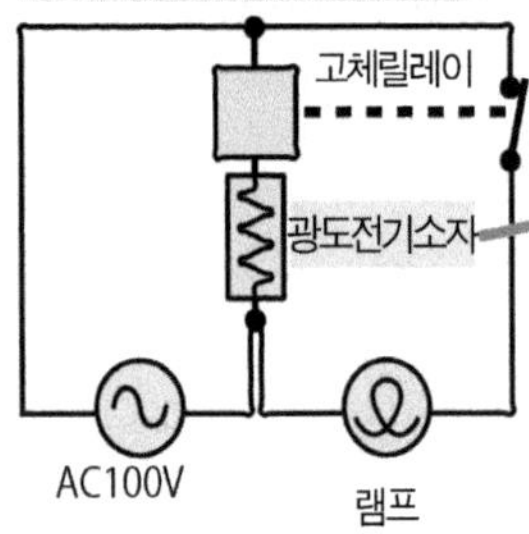

ⓑ 광도전 소자의 외관

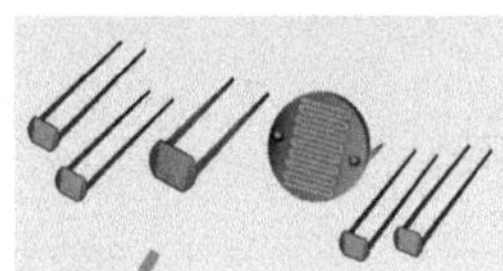

ⓒ 광도전 소자 구조

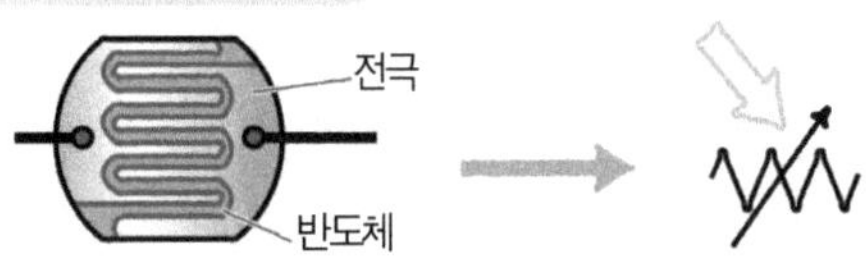

(a)는 가로등의 자동점등 장치의 회로이다. 광도전 소자에 빛이 쬐면 고체 릴레이가 열려 있고 가로등 램프는 점등하지 않지만, 밤이 되어 빛이 없어지면 고체 릴레이가 닫혀 램프가 점등한다. 광도전 소자의 외관을 (b)에 나타낸다. 그 구조는, (c)와 같이 황화 카드뮴(CdS)는 반도체(노란색)에 빗모양의 전극(회색)를 붙인 것으로,빛이 닿으면 전극간의 전기 저항이 낮아져서 전기가 흐르기 쉽게 된다.

용어해설

일함수 : 물질 내의 전자를 자유 공간으로 꺼내는데 필요한 최소한의 에너지. 예를 들면, 알루미늄 4.28eV, 구리 4.65eV, 금 5.1eV, 백금 5.65eV. 입사광의 광에너지가 일함수 보다 크면 전자가 진공 중에 방출된다.

[056] 반도체 만으로는 태양 전지를 만들 수 없다. 광기전력은 반도체 접합이 필요

(055)에서 반도체에는 광도전 현상이 있는데 에너지를 꺼낼 수 없다고 썼습니다. 반도체에 빛을 쬐면 빛을 흡수하여 캐리어가 증가하지만 외부 전원이 없으면 캐리어는 전극까지 이동할 수 없습니다. pn접합의 내부 전위차를 이용하면 외부 전원이 없이도 빛으로 만든 전자와 홀의 캐리어를 분리하여 광기전력을 발생시킬 수 있는 것입니다.

자세한 사항은 제6장 (073)에서 설명하지만 설명을 이해하기 위해서는 반도체의 전자밴드 구조를 이해해야 합니다. 밴드는 (066) 이상에서 자세히 설명하기 때문에 여기에서는 대략만을 언급하고 밴드 구조를 활용한 설명의 편리함을 알면 충분합니다.

그림1의 (a)와 같이, p형과 n형의 반도체를 결합하여 pn접합 다이오드를 만들면, pn계면의 공핍층에 (b)와 같이 에너지의 슬로프가 발생합니다. 이것이 내부 전위차입니다. 슬로프의 경사가 전계입니다. 이 다이오드에 빛을 쬐면 분리된 회로에 전류가 흐릅니다. 즉 외부 전원 없이 전류를 꺼낼 수 있는 것입니다. 이것을 광기전력 효과라고 합니다.

광기전력 효과는 그림 2와 같이 금속과 반도체의 쇼트키 접합에서도 발생합니다. 반도체 부분에 빛이 닿으면 광캐리어가 생성되고 접합 계면 부근의 반도체 쪽에 존재하는 내부 전위차에 의해 캐리어 분리가 일어나고, 이것이 광기전력 효과를 발생시킵니다.

광기전력 효과를 사용하는 것은 태양전지뿐만 아닙니다. 포토 다이오드

또는 광센서는 광파이버 통신의 수광 소자로 사용되고 있습니다. 또한 디지털카메라와 캠코더에 사용되는 이미지 센서의 수광부분에도 광기전력 효과가 사용됩니다.

요점체크

- 반도체에 빛을 쬐면 광캐리어 쌍이 생성되고 접합 계면에 있는 내부 전위차에 의해 분리되어 광기전력 효과를 나타낸다.

[그림 1] pn접합에 빛이 쬐일 때 모습

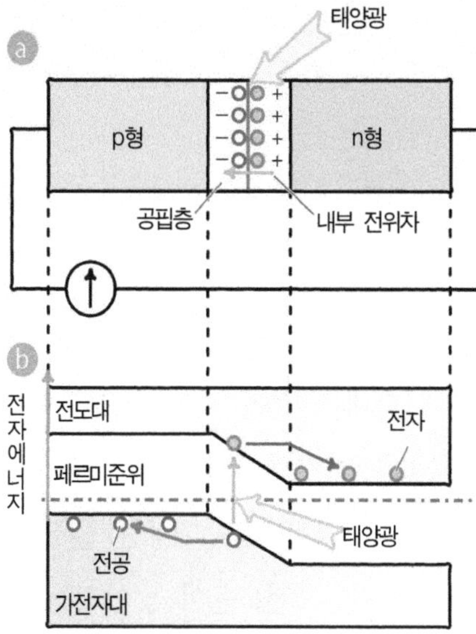

p형 반도체와 n형 반도체를 접합하면, pn계면 부근에서 캐리어가 존재하지 않는 영역(공핍층)이 생기고, p형 측에는 마이너스 전하가, n형 측에는 플러스 전하가 존재하여 내부 전위차가 발생한다.

(a)에 해당하는 전자밴드 구조도 공핍층 부근에 전자 에너지 슬로프가 발생하여, 빛에 의해 생성된 전자는 슬로프를 타고 내려오고 홀은 슬로프를 타고 올라가서 광캐리어의 분리가 발생한다.

[그림 2] 금속과 반도체의 쇼트키 접합

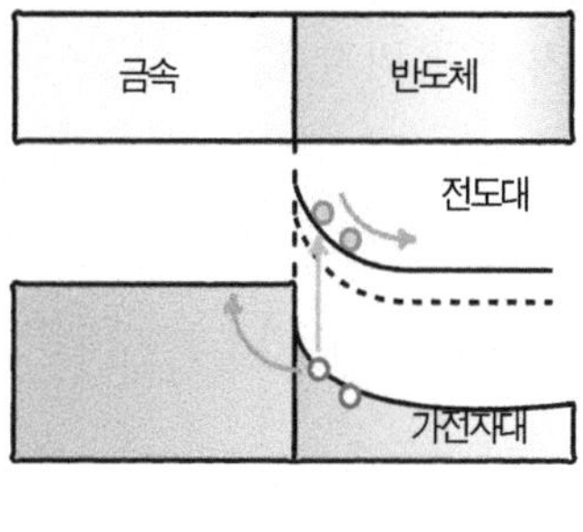

금속과 반도체를 쇼트키 접합을 만들면 반도체 속에서 생성된 광캐리어가 계면의 전위 슬로프에서 분리되어 광기전력이 발생한다.

용어해설

쇼트키 접합 : 깨끗한 실리콘 표면에 알루미늄 박막을 붙인 경우와 같이, 금속의 일함수가 반도체의 일함수보다 크면(일함수는 Si가 4.05eV, Al이 4.28eV) 계면에 전위의 피크가 발생하여 정류성이 나타난다. 이것을 쇼트키 접합이라 부른다.

[057] 반도체와 금속 · 절연체의 차이

물질의 전기 흐름성을 나타내는 것이 전도성이며, 단위는 S/cm (지멘스 퍼 센티미터)입니다. 전도성은 전기의 흐르기 어려움을 나타내는 전기 저항(단위 : Ωcm)의 역수입니다. 그림 1은 다양한 물질에 전도율과 밴드갭을 보여줍니다. 밴드갭이 큰 만큼, 전도율이 낮아지는 경향을 볼 수 있습니다.

금속의 전도율을 보면, 구리(Cu)의 전도성은 6×10^5 [S/cm], 알루미늄(Al)의 전도율은 4×10^5 [S/cm], 수은(Hg)의 전도율이 1×10^4 [S/cm]입니다. 절연체 (부도체)는 전기를 흘리지 않는 물질이지만 전혀 흐르지 않는 것은 아니고, 10^{-8} [S/cm]보다 작은 전도율을 나타냅니다. 한편, 반도체의 전도율은 10^3 [S/cm]이라는 도체에 가까운 값에서 부터 10^{-8} [S/cm]라는 절연체에 가까운 값까지 광범위의 값을 취합니다.

이전에는 절연체로 생각된 다이아몬드도 최근 불순물 주입에 의해 10^{-2} [S/cm]라는 큰 전도성을 가지는 것이 가능하게 되어, 지금은 트랜지스터와 LED가 만들어지는 등 반도체 동료에 참가하고 있습니다. 따라서, 전도성의 크기는 도체 · 반도체 · 절연체를 구분하는 척도가 되지 않습니다.

금속과 반도체의 차이는 전도성 자체가 아니라 그림 2와 같이, 전도성의 온도 의존성이어야 합니다. (a)와 같이 금속은 온도 상승과 함께 저항율이 상승, 즉 전도율이 감소하는 반면, (b) 반도체는 온도 상승과 함께 로그 눈금으로 표시되도록 몇 자리에 걸쳐 저항이 감소하는, 즉 전도성이 몇 자리씩 증가한다는 점이 큰 차이입니다.

또한 금속의 전도성은 물질 고유의 것으로, 인위적으로 바꾸는 것은 어렵지만 반도체는 불순물 주입으로 전도 형식을 n형 또는 p형로 바꾸거나, 전도율을 금속 근처에서 절연체에까지 폭넓게 제어할 수 있는 점도 반도체 특징 입니다.

요점체크

- 반도체는 금속과 절연체 사이의 전도율을 가지고 불순물 주입으로 변화 가능하다.
- 금속과 반도체의 전기적 특성 차이는 전도율의 온도 의존성에 있다.

[그림 1] 금속 · 반도체 · 절연체의 전기적 특성 (전도율 · 저항)과 밴드갭

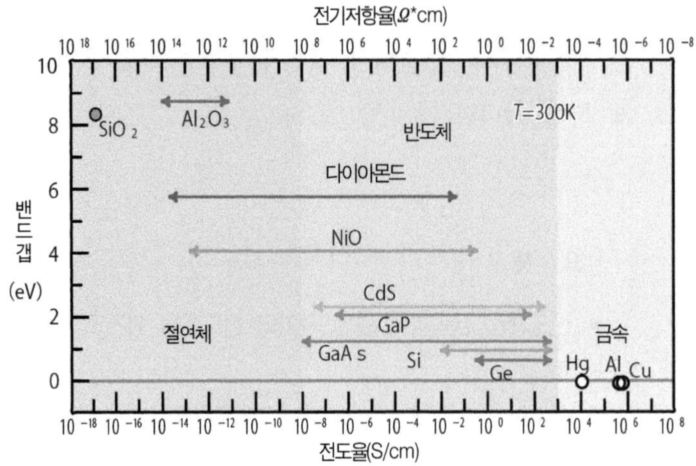

대표적인 금속, 반도체, 절연체의 전도율을 대수 눈금으로 그리면 반도체의 전도율은 절연체에서 금속까지 넓은 범위의 값을 갖는 것을 알 수 있다. 반도체와 절연체의 경계는 불명확하다. 반도체와 절연체가 넓은 범위의 전도성을 취하는 것은, 불순물 도핑에 의해서 캐리어 밀도를 변화시키는 것이 가능하기 때문이다. 반면, 수은 (Hg), 알루미늄 (Al), 구리 (Cu) 등의 금속은 제로 밴드갭을 가지기 때문에, 전도율은 물질 고유의 값을 나타낸다.

[그림 2] 금속과 반도체의 전도율의 온도 의존성의 차이

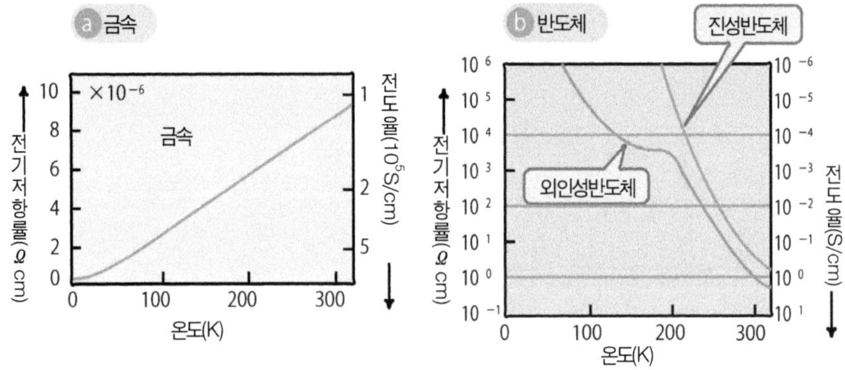

전형적인 금속인 칼륨의 전기 저항의 온도 변화 그래프(직선 눈금). 저온에서 고온까지 거의 직선으로 증가한다. 이 온도 변화는 열적으로 격자(원자배치)가 진동하면서 캐리어가 산란을 받기 때문이다.

전형적인 실리콘(Si) 반도체에 대하여, 불순물 넣지 않은 경우(진성)와 불순물을 첨가했을 경우 (외인성)의 전기 저항율의 온도 변화이다 (로그 눈금). 진성의 경우는 200K에서 330K 온도가 올라가면 전기 저항율이 6승 감소하고 있다. 한편, 외인성의 경우는 80K에서 200K까지 완만하게 전기 저항율이 감소하지만, 200K에서 진성과 동일하게 급격하게 변화하는 것을 예로 알 수 있다.

[058] 밴드 갭이 결정하는 반도체의 전기적 성질

(057)에서는 금속의 전도성이 저온에서 실온까지 온도 상승 중 1 자리 정도 감소하는 반면, 반도체의 전도율은 같은 온도 범위에서 온도 상승과 함께 로그 눈금으로 표시해야 할 정도로 몇 자리에 걸쳐 증가하는 것을 말했습니다. 이와 같은 차이는 어디에서 오는 것일까요? 그림 1에서 설명한대로, 물질의 전도도 σ [S/cm]는 전자의 전하 e [C], 캐리어 밀도 n [cm^{-3}]과 이동도 μ [cm^2/Vs]를 사용하여

$$\sigma = ne\mu \tag{1}$$

로 표시됩니다. 금속 전도도 σ의 온도 변화는 캐리어 밀도 n가 일정하기 때문에 이동도 μ로 결정되는데, 금속 원자가 만드는 격자가 열 진동하여 캐리어를 산란하기 때문에 고온에서는 이동도 μ가 작아지는 것이 원인입니다. 한편, 반도체의 전도율의 급격한 온도 변화는 캐리어 밀도 n이 몇 자리 걸쳐 변화하는 것이 원인입니다. (062)에서 자세히 설명하듯이 진성(순수) 반도체 캐리어 밀도 n은 온도 T [K]에 대해

$$n = n_0 \exp(-E_g/2kT) \tag{2}$$

의 형태로 기하급수적으로 변화하기 때문입니다. 여기서 n_0는 상수, Eg는 밴드갭의 크기, k는 볼츠만 상수입니다. 이 식 (1)은 가전자대의 전자가 열적으로 밴드갭 E_g를 넘어 전도대로 여기되는 것으로 설명됩니다.

온도가 250℃ 이상 올라가면 42 자릿수의 전자가 증가합니다.

표 1은 E_g = 1eV, n_0 = 10^{20} [cm^{-3}]의 경우, 캐리어 밀도 n의 온도 의존성을 나타냅니다. 캐리어 밀도는 5OK와 실온 (300K)의 사이에서 42승 자리가 증가합니다. 캐리어 밀도 n의 상용 로그를 온도의 역수 1/T에 그리면 그림 2와 같이 직선이 됩니다. 이처럼 물리량의 상용 로그를 온도의 역수에 대해 그린 그래프를 아레니우스 그래프라고 하고 그 기울기로 밴드갭을 구할 수 있습니다.

요점체크

- 전도성은 캐리어 밀도와 캐리어 이동도의 곱으로 나타낸다.
- 반도체의 전도율의 온도 변화는 캐리어 밀도의 지수 변화에 따른 것이다.

[그림 1] 전도율은 캐리어 밀도와 이동도로 표현

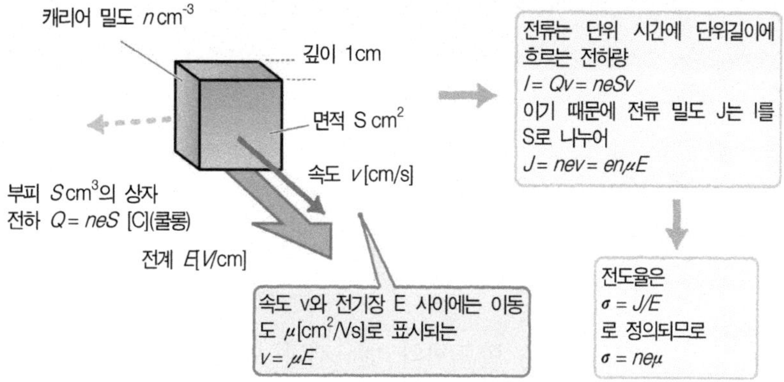

[표 1] 진성 반도체의 캐리어 밀도의 온도 의존성(Eg=1eV, n_0= 10^{20} [cm^{-3}]의 경우)

온도T(K)	50	100	150	200	250	300(실온)	350
N[cm^{-3}]	4.4×10^{-31}	6.6×10^{-6}	1.6×10^{3}	2.6×10^{7}	8.5×10^{9}	4.0×10^{11}	6.4×10^{12}

[그림 2] 캐리어 밀도의 온도 의존성을 나타내는 아레니우스 그래프

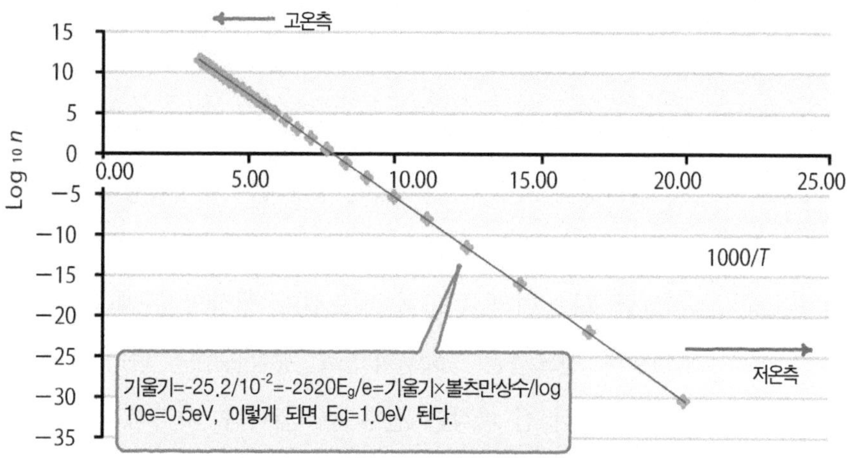

활성화 에너디 $E_g/2$=0.5eV 이므로, 밴드갭은 E_g=1eV가 된다.

식②의 상용로그를 취하면, $\log_{10}n=(\log_{10}e/2k)(1/T)$가 됩니다. $\log_{10}n$를 1/T에 대해 그래프로 그리면 직선이 됩니다.

[059] 밴드 갭이 결정하는 반도체의 광학적 성질

그림 1은 반도체의 밴드갭과 빛의 흡수관계를 보여줍니다. (a)와 같이 입사광의 광자 에너지($h\nu$)가 밴드갭 (Eg)보다 작으면, 가전자대의 전자는 전도대로 이동할 수 없어 반도체는 빛을 흡수하지 않습니다. 이에 대해 (b)와 같이 $h\nu$가 Eg보다 크게 되면 가전자대의 전자는 광자 에너지를 받아 전도대로 날아 옮겨 가전자대에 홀을 남깁니다.

빛의 파장 λ[nm]와 광자 에너지 $h\nu$[eV]의 관계는, 광속을 c[m/s]라고 하면

$$h\nu = hc/\text{파장} = 1239.8/\text{파장} \tag{1}$$

의 관계가 성립하므로 빛의 파장과 에너지는 반비례하게 됩니다. 이 때문에 입사광의 파장이 밴드갭에 해당하는 파장 (광학 흡수단의 파장 λ_g)보다 짧은 빛을 투과하지 않으며 반도체는 흡수되는 색의 보색으로 착색합니다.

그림 2는 여러 반도체 밴드갭과 색상의 관계를 보여줍니다. 황화아연(ZnS)의 밴드갭은 3.5eV이므로, 광학흡수단 파장 354nm보다 짧은 빛이 흡수되고 더 긴 파장은 전부 투과합니다. 따라서 가시 광선의 모든 파장이 투과하기 때문에 무색 투명하고, 분말은 흰색입니다. 황화카드뮴(CdS)에서는 Eg=2.6eV에 상당하는 파장 477nm보다 짧은 파장의 보라색과 파란색은 흡수되고 빨강에서 녹색 파장이 투과하기 때문에 황색입니다. 인화갈륨(GaP)에서 Eg=2.2eV에 해당하는 564nm(녹색)보다 짧은 파장은 흡수되고

황색과 빨강이투과하기 때문에 주황색입니다. 황화수은(HgS)는 Eg=2cV에 해당하는 620nm보다 짧은 파장은 흡수되기 때문에 빨간색입니다. 갈륨비소(GaAs)는 흡수단이 826nm이고 가시광선(380 ~780nm)을 흡수하고 투과광은 눈에 보이지 않기 때문에 색상은 검은색입니다.

반도체 착색 현상은 안료(물감)에 이용할 수 있습니다. 표1은 반도체의 성질을 가진 안료에 대해 색상과 밴드갭의 관계를 보여줍니다.

요점체크

- 반도체 밴드갭을 초과하는 광자 에너지의 빛은 흡수된다.
- 반도체의 색은 흡수되는 빛의 보색이며, 안료에 사용된다.

[그림 1] 반도체 밴드갭과 광흡수

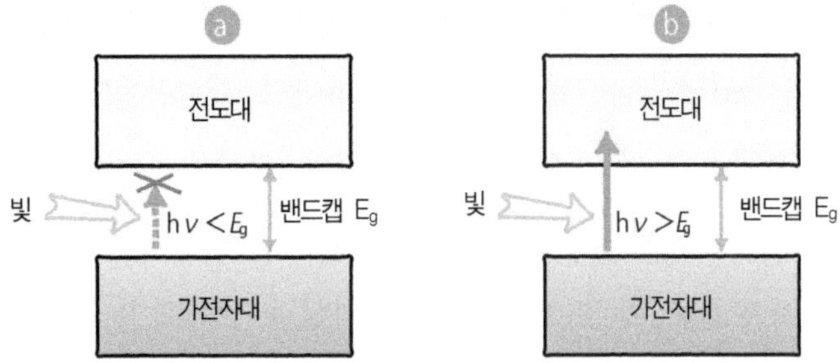

[그림 2] 밴드갭과 반도체 색상

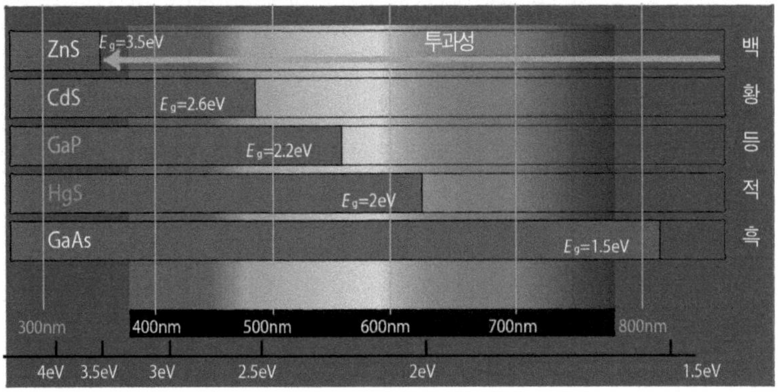

[표 1] 반도체를 이용한 칼라 색상

화학식	광물명	그림물감	밴드갭[eV]	색
C	다이아몬드	-	5.4	무색
ZnO	홍아연 광석	징크 화이트	3	무색
CdS	황화 카드뮴	카드뮴 옐로우	2.6	황
$CdS_{1-x}Se_x$	-	카드뮴 오렌지	2.3	등
HgS	진사	-	2	적
HgS	흑진사	-	1.6	흑
Si	-	-	1.1	흑
PdS	방연광	-	0.4	흑

[060] 유기물의 분자 궤도와 반도체의 밴드 구조의 차이 색소 증감 태양전지의 예

그림 1은 (054)에서 소개한 색소 증감 태양전지에서 염료 분자의 광여기로 만들어진 전자가 반도체에서 산화 티타늄($Ti0_2$)으로 옮겨가는 모습을 보여줍니다. 색소 분자의 전자 궤도에 대응하는 에너지 준위는 (a)와 같이 직선으로 표시되는 반면, 반도체의 전자 에너지 밴드(b의 네모 상자)로 표시됩니다.

색소 분자는 그림 1(c)에 보이는 바와 같이, 금속 이온(그림에서는 루테늄 : Ru)의 주위를 탄소(C), 수소 (H), 산소(O), 질소(N) 등으로 제작할 수 있는 리간드 둘러싼 착체의 구조를하고 있습니다. 여기에 금속 이온의 전자 궤도 배위자 이온의 전자 궤도가 혼합된, 분자 궤도를 만듭니다. 이 전자 궤도는 분자에 집중하고, 분자 밖으로 나올 수 없기 때문에, 운동 에너지가 작고, 에너지 레벨은 다수의 좁은 준위(직선)으로 표시됩니다. 전자가 가득찬 분자 궤도 중 가장 에너지가 높은 상태를 'HOMO'라고 하고 빈 분자 궤도 중 가장 에너지가 낮은 상태를 'LUMO'라고 합니다. 여기에 분자 여기 에너지를 가진 빛을 쬐면 전자가 HOMO에서 LUMO 날아 이동합니다.

이에 대해 반도체 $Ti0_2$는 (d)와 같이 분자가 일정하게 줄지어 있고 전자 궤도는 분자의 위치에 머무르지 않고 결정 전체에 퍼져 있기 때문에 그 에너지는 운동 에너지만큼 폭을 가진 밴드입니다. 이 중 전자에 점유되어 있는 밴드를 가전자대 및 점유되지 않은 밴드를 전도대라고 부르며, 각각

분자로 말하면 HOMO, LUMO에 해당합니다. 밴드와 밴드 사이를 밴드갭이라고 합니다.

TiO_2의 밴드갭은 4eV이므로, 자외선은 흡수하지만 가시 광선을 모두 투과시켜서, 태양 전지에 사용하지 않습니다. 그런데 색소와 결합하면 색소 분자가 가시 광선을 흡수하여 전자와 홀을 만들어, 그 전자를 반도체인 TiO_2의 전도대에 전달하여 발전할 수 있는 것입니다.

요점체크

- 염료 분자에 전자가 만드는 분자궤도 에너지는 좁은 레벨이 된다.
- 분자궤도 HOMO, LUMO는 반도체의 가전자대, 전도대에 해당한다.

[그림 1] 분자와 반도체의 에너지 준위의 차이

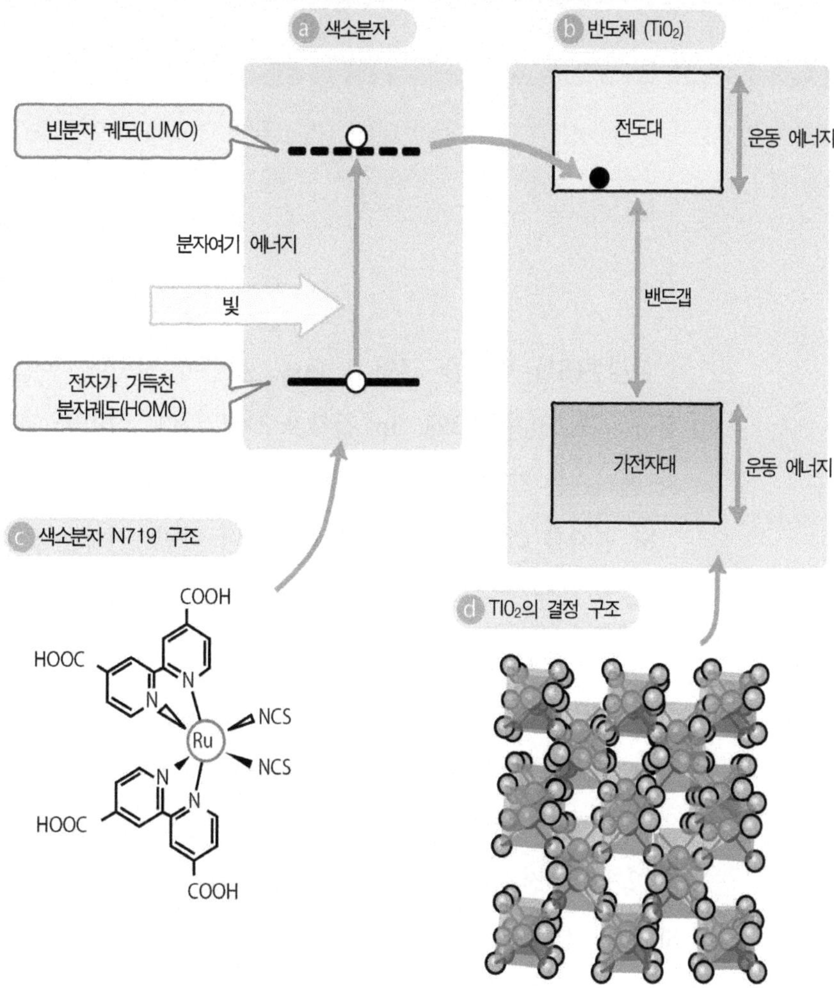

(a)의 색소분자는 금속이온과 그 주변의 유기물 이온의 전자궤도가 혼재하는 분자 궤도가 있지만, 그 에너지 상태는 좁은 레벨로 표시된다.

(b) 반도체 결정에서 전자의 에너지는 운동 에너지만큼 폭을 갖는 밴드로 표시된다.

용어해설

분자 궤도 : 분자는 여러 원자로 구성되어 있다. 분자의 전자 궤도는 분자를 구성 원자의 궤도(s,p,d)들의 집합되어 있다. 이것을 분자 궤도라고 한다.

[061] 원자가 모여 고체가 되면 밴드가 생긴다.

실리콘(S1) 원자를 그림 1 (a)로 뿔뿔이 진공에 두었을 때, Si의 외각 전자는 3s 전자가 2개, 3p 전자가 2개입니다. 이러한 고립된 원자에서 전자 에너지는 그림 2 (a)와 같이 정수값을 사용합니다.

Si 원자를 그림 1 (b)와 같이 가까이 하면, 전자는 원자에 머물러 있지 않고, 인접한 원자의 위치에 퍼지고 전자 궤도의 겹침이 발생합니다. 이것은 운동 에너지를 획득하기 때문에 그림 2 (b)와 같이 에너지 준위 폭을 가진 것이 됩니다. 이 에너지의 퍼짐을 에너지 밴드라고 합니다. 밴드의 폭은 전자가 움직이는 것에 의한 운동 에너지의 증가분을 나타내는 척도입니다. 이 상태에서 위의 밴드 (6개의 궤도가 있기 때문에 ⑥으로 표기)가 2개의 p전자에서 부분적으로 충족되기 때문에 금속입니다. 이 상태는 Si 액체 상태로 대응하고 있습니다. 실리콘 융액이 금속으로 전도성을 보여주는 것은 잘 알려져 있으며, 자기장을 걸어 융액의 움직임을 멈추어 결정 성장 기술로 사용하고 있습니다.

또한 그림 1 (c)와 같이 원자끼리 접근하면, 그림 3에 표시된 것처럼 sp^3 혼성 궤도(3s 궤도 1개와 3p 궤도 3개에서 가능한 공유결합궤도)가 있습니다. 인접 원자의 혼성 궤도와 서로 공유 결합하여 밴드는 그림 2 (c)와 같이 4개의 결합 궤도로 이루어진 밴드와 4개의 반대 결합 궤도로 구성된 아래의 밴드로 나누어집니다. 그 결과, 상하 2개의 밴드 사이에는 전자가 차지할 수 없는 밴드갭이 있습니다. Si 원자가 가지는 4개의 최외곽 전자는 에너지가 낮은 아래 밴드를 차지하기 때문에 위의 밴드는 비어 있습니다.

아래 밴드의 전자를 전기장에서 가속시켜서 에너지가 높아져도, 밴드갭에는 전자 상태가 없기 때문에 전기를 흐르게 할 수 없습니다. 따라서 순수한 실리콘은 T = 0K에서 절연체가 되는 것입니다.

요점체크

- 분리된 실리콘 원자의 전자는, 분명한 에너지 레벨을 가진다.
- 원자가 모이면 에너지 밴드가 형성되고, 밴드갭이 생긴다.

[그림 1] 실리콘 원자의 분포 상태

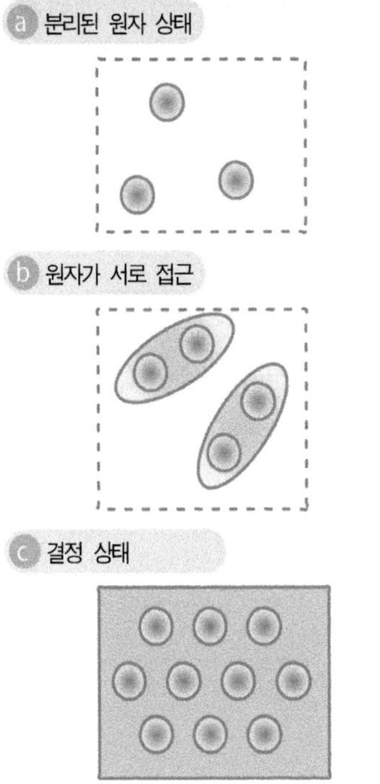

[그림 2] 에너지 준위의 변화

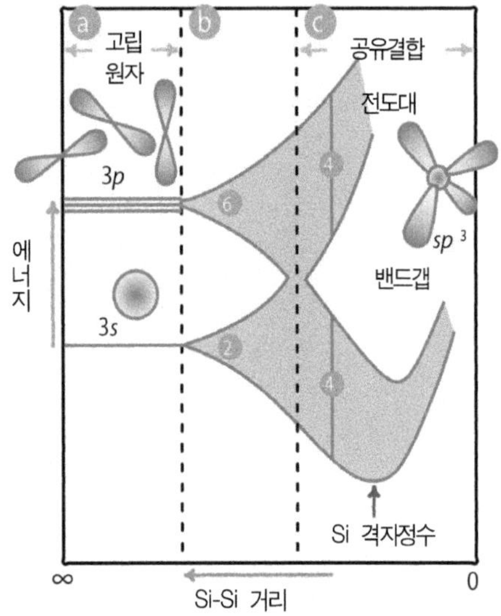

실리콘 원자를 서로 가깝게 할 때, 실리콘 원자의 3s, 3p 준위 변화의 개념도

[그림 3] 원자의 s궤도, p궤도의 선형결합으로 sp^3혼성궤도가 생성된다.

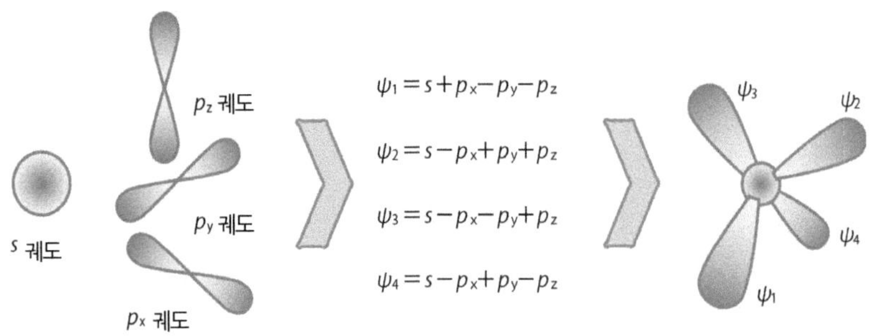

용어해설

전자궤도 : 일반적으로 전자는 원자 핵 주위를 회전하고 있다고 생각되고 있지만, 실제로는 전자가 구름처럼 퍼져 존재한다. 그 전자 구름이 퍼지는 방법은 양자로 양자역학에서 기술되지만, 주 양자수 n, 방위 양자수 l, 자기 양자수 m으로 특징지울 수 있다. 구형 모든 방향으로 균일하게 분포하는 것이 s전자이며, 1힘 방향에 잘룩한 분포를 갖는 것이 p전자, 2힘 방향에 굴곡을 갖는 것이 d전자이다.

[062] 전자 상태에 앉는 규칙을 제공하는 페르미 분포

(058)에서는 온도가 높아지면 가전자대의 전자가 열적으로 밴드갭을 뛰어 넘어 전도대로 들어가, 전자 밀도는 식 (2)에 따라 어떤 자리에 걸쳐 증가할 것으로 썼습니다만, 이 식은 아래와 같이 전자 페르미 분포를 사용하여 설명할 수 있습니다.

그림 1의 (a)는 가전자대 및 전도대의 각 에너지 밴드에서 전자가 차지할 수 있는 '좌석'(상태 밀도 : 단위 에너지 당 상태의 수)을 나타냅니다. 페르미 분포라는 것은 "에너지-E를 가진 전자와 어떻게 앉는 것이 좋은가"라는 앉는 규칙으로, 다음 식으로 주어진다.

$$F(E) = 1/\{1 + \exp((E-E_F)/kT)\} \quad (1)$$

여기서 E_F는 페르미 레벨입니다. 절대 영도에서는 식 (1)은 그림 1(b)의 붉은 점선으로 표시되는 계단 함수입니다. E가 페르미 레벨 E_F 이하라면 착석 가능이고, E_F 이상이면 착석하지 못하고 공석 상태로 결정됩니다. 이 결과 그림 1 (c)의 점유 상태 밀도(상태 밀도 N(E)와 분포 함수 f(E)의 곱)에 나타낸 바와 같이, 전자는 가전자대를 가득 채우게 되지만 전도대는 비게 되는 예를 볼 수 있습니다.

절대 영도에서 온도가 상승하면 식 (1)은 그림 2(b)의 붉은 점선과 같은 완만한 곡선으로 바뀝니다. 그러자 그림 1(c)와 같이 전도대에도 전자가 앉기가 가능하게 되고, 그러면서 가전자대에도 전자의 빈자리(홀)를 볼 수 있습니다.

이상의 변화는 "전자가 열에너지를 받아 가전자대에서 전도대로 뛰어오른다"라고 표현합니다. 덧붙여서, 열에너지의 대략적인 크기는 kT로서, 실온(298K)의 열에너지는 약 25meV됩니다. 이에 대해 밴드갭은 leV정도이므로, Eg/2kT는 20 전후가 되어, (058)의 식 (2)의 exp(-Eg/2kT)는 매우 작은 값이 됩니다. 따라서 진성 반도체의 실온에서의 캐리어 밀도 n은 매우 낮습니다.

요점체크

- 페르미분포는 규칙적이며, 절대 영도에서는 전도대에 전자가 존재하지 않는다.
- 온도가 올라가면, 전도대에 전자가, 가전자대에 홀이 발생한다.

[그림 1] 절대 영도(T =0K)의 전자가 앉는 규칙과 실제 좌석상황

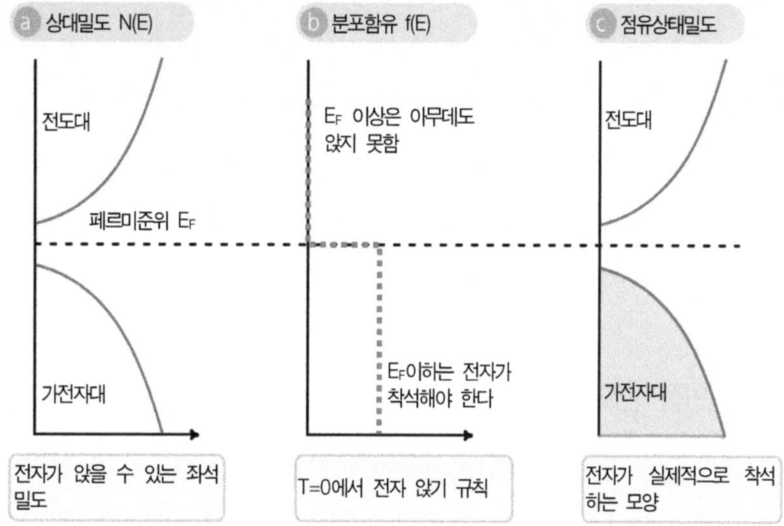

[그림 2] 온도가 상승하는 경우 전자의 착석 규칙과 착석 상황 변화

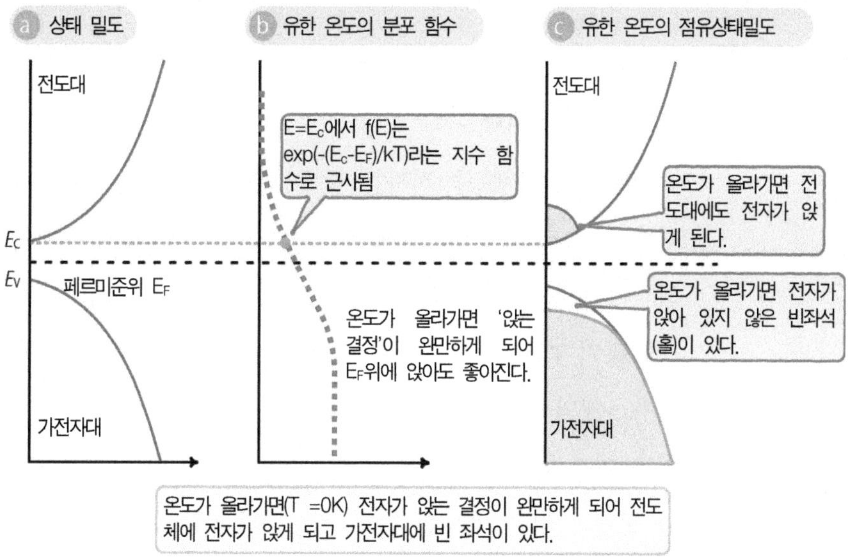

용어해설

밴드 끝에서 페르미 분포 함수가 지수함수로 근사 이유 $E=E_C$(전도대의 바닥)에서 페르미 분포의 식 (1)의 분모의 지수함수는 1보다 커지므로, 식(1)은 $f(E)=\exp(-(E_C-E_F)/kT)$와 같이 지수함수로 근사된다. 진성반도체에서는 페르미 준위 E_F는 밴드갭의 중앙에 위치하므로, $E_C-E_F=(E_C-E_V)/2=E_g/2$가 된다.

[063] 불순물 도핑 ① n형 반도체와 도너 레벨

외인성 반도체

진성 반도체는 실온에서 전하운반자(캐리어)가 없기 때문에 반도체 소자를 만들 수 없습니다. 그래서 반도체를 구성하는 원자를 원자수가 다른 불순물로 대체하여 캐리어를 주입합니다. 이러한 반도체를 외인성 반도체라고 합니다.

n형 반도체와 도너 레벨

외인성 반도체 중 전자를 주요 캐리어로 하는 것을 n형 반도체라고 합니다. n형 실리콘 반도체에서는 그림 1의 (a)와 같이, 5족 (인 P, 비소 As)의 불순물이 첨가됩니다. 실리콘을 바꾼 5족 원자는 실리콘에 비해 전자가 1개 많기 때문에, 그 위치는 플러스 전하가 1개인 것처럼 보입니다. 5족 원자 5개의 전자 중 결합에 사용되는 4개를 제외한 1개의 전자가 P위치에 있는 여분의 플러스 전하와 쿨롱 힘으로 약하게 속박되어 수소 원자의 보아 모델과 같은 궤도를 돌고 있습니다. 그 속박 에너지 E_d는

$$E_d = m_e^* e^4 / 2\ (4\pi\varepsilon_r\varepsilon_0)^2 h^2 = (m_e^*/m)(1/\varepsilon_r^2)E_H \qquad (1)$$

으로 주어집니다. 여기서 E_H는 수소 원자의 속박 에너지(13.6eV)입니다. 실리콘 유효 질량 $m_e^*/m = 0.33$, 비유전율율 $\varepsilon_r = 11.9$로, 실리콘의 도너

의 속박 에너지는 E_d = O.032eV = 32meV로 주어집니다. 이 속박 에너지는 밴드 그림에서 (b)와 같이 전도대의 바닥에서 E_d만큼 낮은 에너지 위치에 도너 에너지 레벨을 만듭니다. 온도가 상승하면 (c)와 같이 전자는 도너로부터 해방되어 결정 전체에 퍼져 있습니다. 이 밴드 그림으로 표현하면, (d)와 같이 표시됩니다.

위의 계산은 이상적인 도너의 속박 에너지를 보여줍니다만 실제 불순물의 경우에는 각각 개성이 있어서, 그림 2의 인(P)와 같이 E_d가 100meV인 얕은 준위도 있고, 크롬(Cr) 등 400meV에 이르는 깊은 준위도 있습니다.

요점체크

- 반도체에 불순물을 주입하여 불순물 준위를 만든다.
- 불순물 준위는 유효 질량과 유전율을 이용한 수소 형태의 에너지로 표시한다.

[그림 1] 도너에 속박된 전자의 에너지준위와 도너에서 열적으로 해방된 전자의 상태

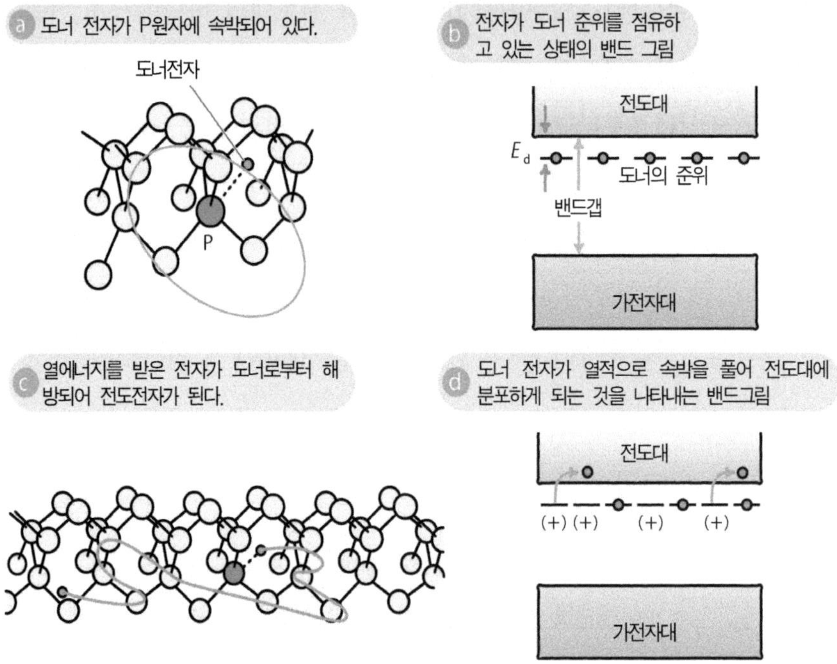

[그림 2] 다양한 불순물 도너 레벨 E_d(단위 meV= 0.001eV)

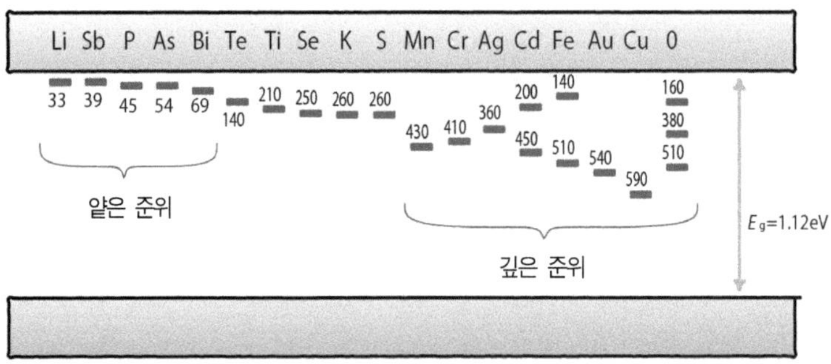

실온에서 열에너지는 거의 25meV이므로, P, As등 속박 에너지가 100meV 정도 이하의 얕은 준위는 도너로 작동한다, Cr, Cu, Fe 등은 200meV을 넘는 깊은 레벨이 되면 일단 걸리면 열적으로 해방되지 않기 때문에 트랩(포획 중심)이 된다.

[064] 불순물 도핑 ② 외인성 반도체의 캐리어 밀도의 온도 변화

(058)에서, 진성 반도체의 캐리어 밀도는 Eg/2를 활성화 에너지로 하여 활성형의 온도 변화인, 아레니우스 그래프를 그리면 직선이 될 것이라고 말했습니다만, 불순물을 도핑하는 외인성 반도체의 경우는 어떨까요? 그림 1의 그래프는 n형 반도체의 전자 밀도 n의 아레니우스 그래프입니다. 그림 1의 가로축은 1/T이므로, 오른쪽으로 가는 대부분은 저온임을 유의하십시오.

일반적으로 반도체는 도너도 어셉터도 포함되어 있습니다. 도너 밀도 N_d가 어셉터 밀도 N_a보다 큰 경우에는 어셉터는 도너의 전자에 의해 채워지기(이것을 보상한다) 때문에 N_d-N_a가 순 유효 도너 밀도가 됩니다. N_d-N_a가 $10^{15}cm^{-3}$보다 적은 경우(그래프 하단 곡선)에 대해 설명합니다.

저온 영역에서 오른쪽 밴드 그림의 ②에 보이는 것과 같이, 전자가 도너 준위에서 열로 방출되어 전도대로 들어가므로, exp(-E_d/kT)이라는 지수함수형의 온도 변화를 나타내고 있습니다. E_d는 도너 준위의 속박 에너지입니다. 전자를 잃은 도너는 플러스 전하가 되므로 이 영역은 이온화 영역이라고도 불립니다.

중간 온도 영역에서는 도너로부터 전자가 모두 방출되어, 더 이상 전자를 전도대로 공급할 수 없게 되어, 전자 밀도의 온도 변화가 없습니다(그림 2). 또한 N_d-N_a가 $10^{17}cm^{-3}$ 보다 높은 불순물 농도가 되면 온도에 따라 일정한 영역을 볼 수 없습니다.

고온 영역에서는 가전자대의 전자와 어셉터에 잡혀 있던 전자의 열적 전도대에 여기가 일어나고, 진성 반도체 부분에서 언급했던 것과 동일한 $\exp(-E_g/2kT)$라고 하는 지수 함수의 온도 의존성이 됩니다(그림 ③). 이것을 진성 영역이라고 합니다.

요점체크

- N형 반도체의 경우, 저온의 전자 밀도는 도너 전자의 열 방출에 의한 것이다.
- 고온에서 전자 밀도는 방출영역을 거쳐 진성 반도체 영역에 도달한다.

[그림 1] 외인성 반도체의 캐리어 밀도의 온도 의존성 3개 영역

ⓐ 캐리어 밀도의 아레니우스 그래프

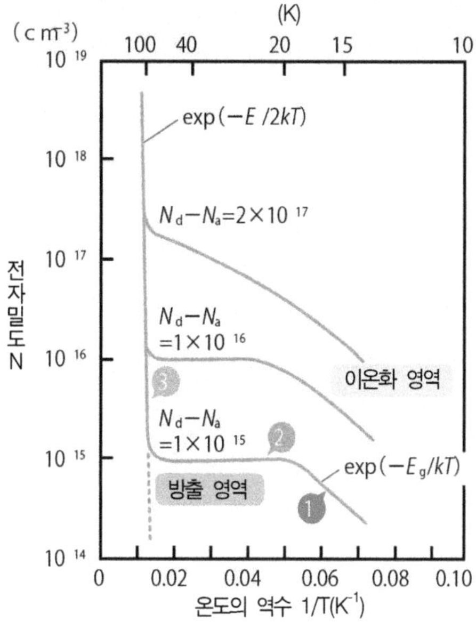

①의 저온 영역에서는 전자 도너 준위에서 열적으로 분해 해방되고 전도대에 들어가기 때문에, exp(-Ed/kT)는 지수 함수형의 온도 변화를 나타낸다(Ed는 도너 준위의 속박 에너지) 도너 준위에서 전자가 열적으로 해방되어 전도체로 들어감 전자를 잃은 도너는 플러스 전하를 띄므로 이 영역은 이온화 영역이라고도 불린다.

②의 중온 영역에서는 도너로부터 전자가 모두 방출되어 이 이상 전자를 전도대로 공급할 수 없게 되고, 전자 밀도의 온도 변화는 보이지 않는다. 방출영역이라고 부른다.

③의 고온 영역에서는 가전자대의 전자와 어셉터에 잡혀 있던 전자가 열적으로 전도대에 여기되어 진성 반도체와 같은 exp(-Eg/2kT)이라는 지수 함수형의 온도 의존성을 보여준다. 이것을 진성 영역이라고 부른다.

ⓑ 각 영역별 밴드 그림

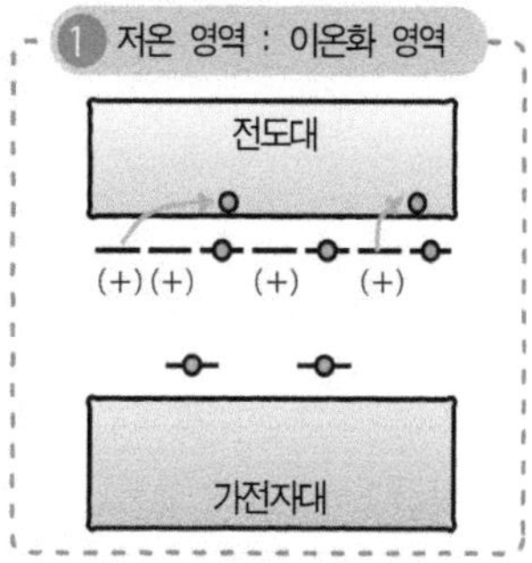

도너 준위에서 전자가 열적으로 해방되어 전도체로 들어감

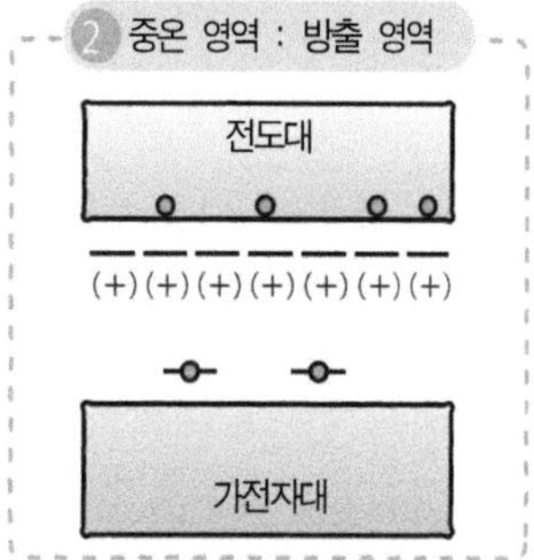

중온 영역에서는 도너 준위가 있지만 이미 방출

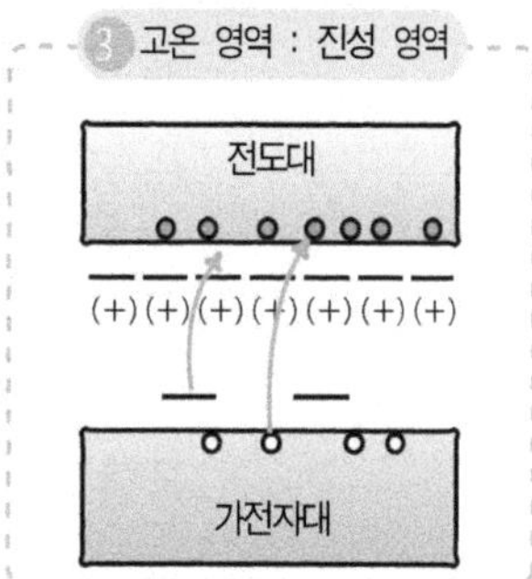

고온 영역에서는 어셉터 또는 가전자대에 있는 전자가 밴드갭을 넘어 여기되는 진성 반도체와 동일한 상황이 된다.

[065] 불순물 도핑 ③ p형 반도체의 홀 어셉터 준위

이전에는 외인성 반도체로 n형 반도체에 대해 설명했습니다. 여기에서는 그림 1에 보인 바와 같이 3가의 불순물을 도핑하여 p형 반도체가 되는 원리를 설명하겠습니다.

① 붕소 (B) 등 3가 원자는 원자핵에 3개의 플러스 전하를 가지고 가장 바깥쪽 전자는 3개입니다. 따라서 결합하는 본드가 3개 밖에 없습니다.

② 붕소 원자를 실리콘의 위치로 대체하면 공유 결합에 4가의 전자가 필요하므로 주위로부터 전자를 하나 받아야 안정됩니다. 이 결과로, 결정에 홀이 남아 있습니다. 실리콘 원자핵은 4 개의 플러스 전하를 가지고 있습니다만, 4 개의 가장 바깥쪽 전자가 있기 때문에 실리콘 결정은 전기적으로 중성이 되어 있습니다. 실리콘의 위치에 3개의 플러스 전하 밖에 없는 붕소를 바꾸면 마치 붕소의 위치에 1 개의 마이너스 전하가 있는 것처럼 행동하므로, 홀 1개를 붙잡아 수소 원자의 보아 모델과 같은 전자 궤도를 형성 합니다.

③ 이것을 밴드 그림으로 나타내면, 가전자대의 정상보다 속박 에너지 Ea 만큼 높은 에너지 위치에 좁은 어셉터 준위가 형성됩니다.

④ 온도가 상승하면 가전자대의 전자가 열적으로 어셉터 준위로 여기되고 가전자대에 홀을 남기게 됩니다. 어찌보면 홀이 억셉터 준위에서 해방되고 가전자대에 공급되는 것으로 해석할 수도 있습니다.

가전자대의 유효 질량은 전도대의 전자에 비해서 무겁기 때문에, 어셉터 준위의 속박 에너지는 도너의 속박 에너지보다 크게 되어, 붕소는 45meV, 알루미늄(Al)는 69meV, 갈륨(Ga)는 72meV, 인듐(In)은 160meV 값이 될 것으로 알려져 있습니다. 이들은 얕은 준위이지만, 나트륨(Na)은 350meV, 바륨(Ba)는 430meV으로 깊은 레벨을 만들고 홀 트랩이 됩니다.

요점체크

- 실리콘에 붕소를 첨가하면 주위로부터 전자를 받아 홀을 남긴다.
- 명백한 마이너스 전하가 홀을 속박하고 어셉터 준위를 만든다.

[그림 1] 붕소 불순물 도핑에 의해 어셉터 준위가 형성되는 원리

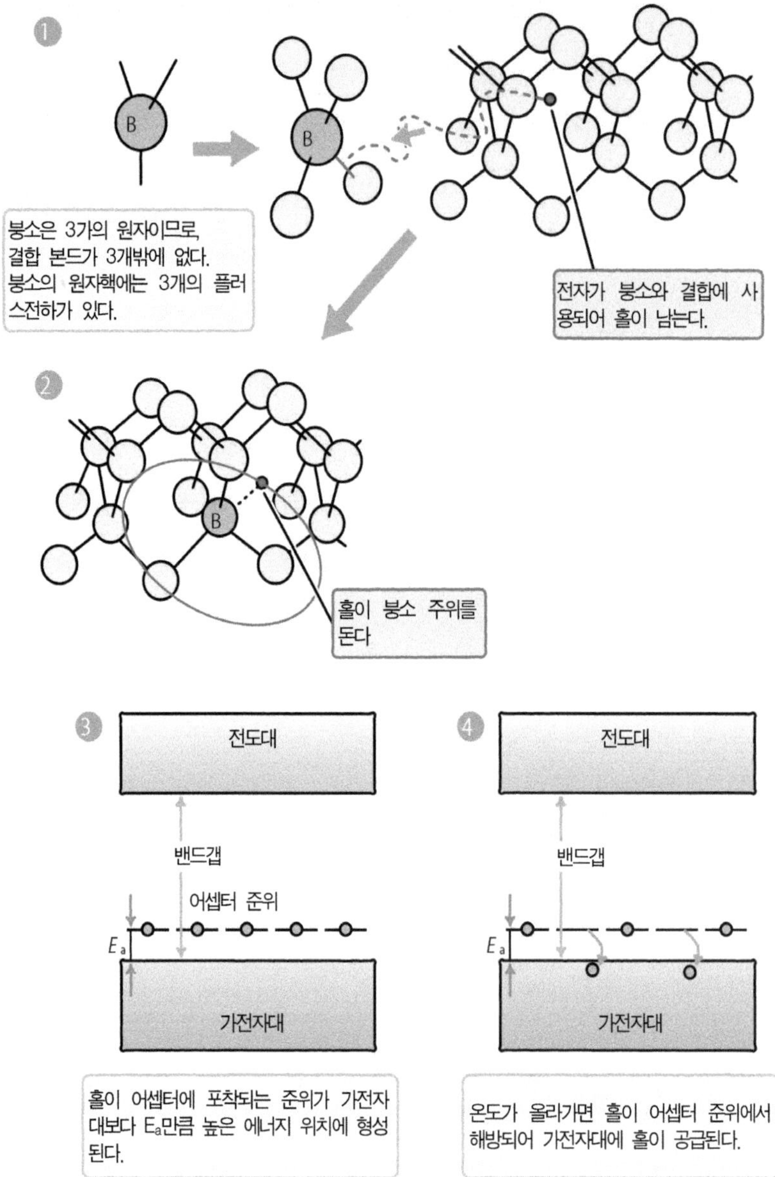

[066] 간접 천이를 이해하자 ① 운동량 보존 법칙을 상기하자

제4장 (047)에서 '실리콘은 간접 천이형이므로 흡수가 약하고, GaAs는 직접 천이형이기 때문에 흡수가 강하다'며 '직접 천이 · 간접 천이에 대해서는 제5장에서 언급'한다고 썼습니다.

직접 천이 또는 간접 천이의 차이를 이해하려면 파동으로서의 전자의 운동량 보존 법칙을 생각해야 합니다.

파동의 운동량은?

양자 역학에서는 파장 λ인 파동의 운동량 p는 p=h/λ로 주어집니다. 파장이 짧을수록 운동량이 크고, 파장이 길수록 운동량이 줄어듭니다. 여기서 h는 플랑크 상수입니다.

예를 들어 실리콘 단위셀의 길이 (격자 상수 5.43Å)의 파장을 가지는 전자의 운동량은 $p = 6.63 \times 10^{-27}$ [erg·s] / 5.43×10^{-8} [cm] = 1.22×10^{-19} [$g \cdot cm \cdot s^{-1}$]이 되지만, 파장 543nm = 5430Å(녹색) 광파의 운동량은 1.22×10^{-22} [$g \cdot cm \cdot s^{-1}$]로 표시되고, 위에 서술한 전자파 운동량의 1/1000 밖에 되지 않습니다.

운동량 보존 법칙은

"질량 m인 공1이 마찰이 없는 바닥 위를 속도 v이고 x 방향으로 등속 운동하고 있었다고 합시다 . 이 공이 정지하고 있는 질량 m 인 공2에 맞았을 때, 공1 속도 v_1과 공2 속도 v_2는 어떻게 됩니까 "라고 역학 문제를 생각합시다. 에너지 보존의 법칙에서 $(1/2)mv^2 = (1/2)m(v_1^2 + v_2^2)$, 운동량(질량과 속도의 곱)의 보존 법칙에서 $mv = mv_1 + mv_2$ 됩니다. 이것은 $v_2 = v$, $v_1 = 0$이 되어, 공1은 정지하고 공2는 공1의 원래 속도 v로 등속 운동합니다. 이렇게 충돌 문제를 생각할 때에는 운동량 보존이 중요합니다. 가전자대의 전자가 빛에 의해 전도대로 이동할 때에도 운동량 보존의 법칙이 성립하지 않으면 안됩니다.

요점체크

- 전자 파동의 운동량은 파장의 역수에 비례한다.
- 전자 파동의 운동라은 광 운동량에 비하여 훨씬 크다.

[그림 1] 전자 파도의 운동량

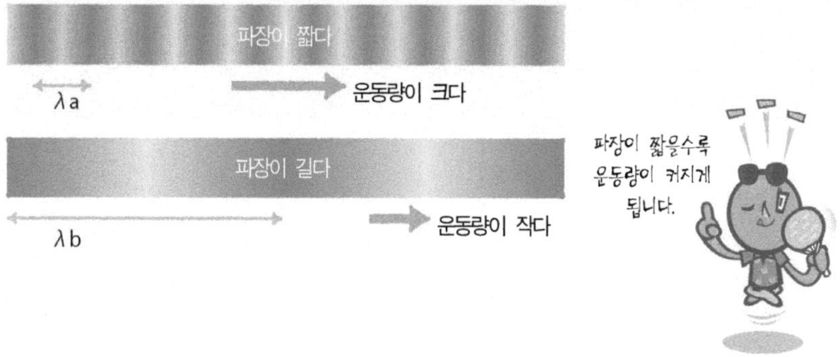

파장이 짧을수록 운동량은 크게 된다.
양자 역학에 따르면, 전자와 광파의 운동량은 파장의 역수에 프랑크상수 h를 곱한다.
예를 들어 실리콘 단위셀의 길이(격자상수 5.43Å)의 파장을 가진 전자의 운동량은
$p=6.63X\ 10^{-27}$ [erg.s]/$5.43x10^{-8}$[cm] $=1.22\times10^{-19}$ [$g\cdot cm\cdot s^{-1}$]
파장 5430Å(녹색) 광파의 운동량은 1.22×10^{-22}[$g\cdot cm\cdot s^{-1}$]으로
전자 파동의 1 / 1000이다

[그림 2] 역학의 충돌 문제에서 운동량 보존법칙

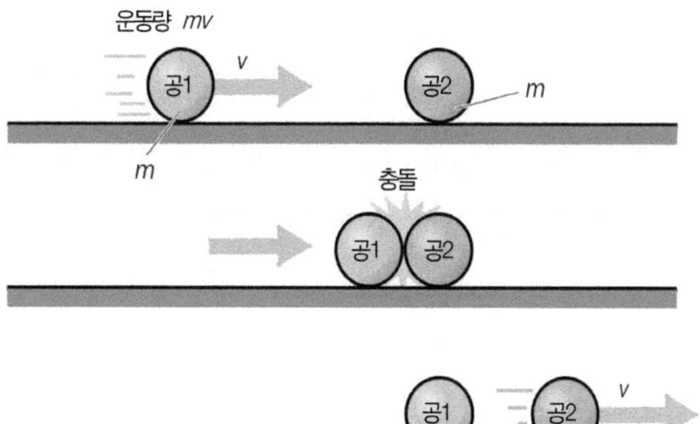

미찰없는 바닥에 같은 질량을 가지고 공1과 공2가, 공1이 속도v로 운동하고 정지하고 있는 공2와 충돌한다. 공1의 시작 운동량은 mv이고, 공2에 충돌하고 운동량은 0이 되지만 공2는 그 운동량 mv를 얻는다. 이것을 운동량 보존법칙이라고 한다.

[067] 간접 천이를 이해하자 ② 자유 전자의 주파수를 생각하자.

반도체의 전자 상태를 고려하는 출발점으로 자유 전자를 그림 1과 같은 평면파로 취급합니다. 일반적으로 파동의 주요 변수는 파장 λ입니다. (066)에서는 운동량이 h/파장으로 주어진다고 썼습니다만 반도체의 세계에서는 파장을 사용하는 대신 파장의 역수에 2π를 곱하여 k= 2π/λ를 사용합니다. 이 k는 파수라고 하며, 단위 길이당 몇 개의 파동이 존재하는지 여부를 나타냅니다.

그림 1에서 lnm 길이에 포함된 파동을 생각합니다. (a)는 파장 (1/16) nm에서, $k=2\pi\times16\times10^{9}m^{-1}= 10^{11}m^{-1}$ (b)는 파장 (1/8) nm이므로 $k=5\times10^{10}m^{-1}$ (c)는 파장 (1/2) nm이므로 $= 1.25\times10^{10}m^{-1}$과, 파장이 짧은 경우는 단위 길이 속에 파동이 많이 들어가기 때문에 파수 k는 크게 되고, 파장이 길어지면 파수 k는 작아집니다. 파수 k는 공간 주파수라고 생각됩니다.

자유 전자의 운동 에너지는?

속도 v를 가지고 운동하고 있는 질량 m의 입자의 운동 에너지 E는 $E = (l/2)mv^2$로 나타내지만, 운동량 p=mv를 사용하여 다시 작성하면 $E = (p^2/2m)$로 표시됩니다. 파동의 운동량은 p = h/λ로 표현되지만, p = (h/2π)(2π/파장) = ℏk 로 작성될 것이다. 여기서 ℏ는 플랑크 상수 h를 2π로 나눈 물리 상수입니다. 따라서 자유 전자의 에너지는 파수의 함수로서

$$E = (\hbar^2 \cdot k^2)/2m \quad (1)$$

라고 써 나타낼 수 있습니다. 에너지 분산곡선은 파수 k의 2차 함수로 표현됩니다.

식 (1)을 나타낸 것이 그림 2입니다. 따라서 가로축을 파수로 나타내는 방법을 k 공간에서 표시하거나 운동량 공간에서의 표시한다고 합니다.

요점체크

- 파수 k는 단위 길이에 들어갈 파동 수를 2π배 한 것으로, 공간 주파수에 해당.
- 자유 전자의 에너지 분산곡선은 파수 k의 2차함수로 표현.

[그림 1] 자유 전자 파동의 파장과 파수의 관계

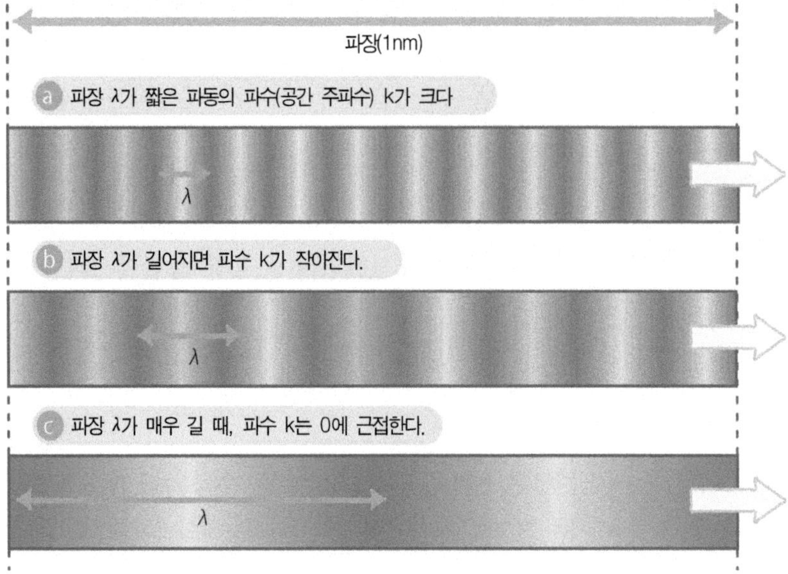

[그림 2] 역학의 충돌 문제에서 운동량 보존법칙

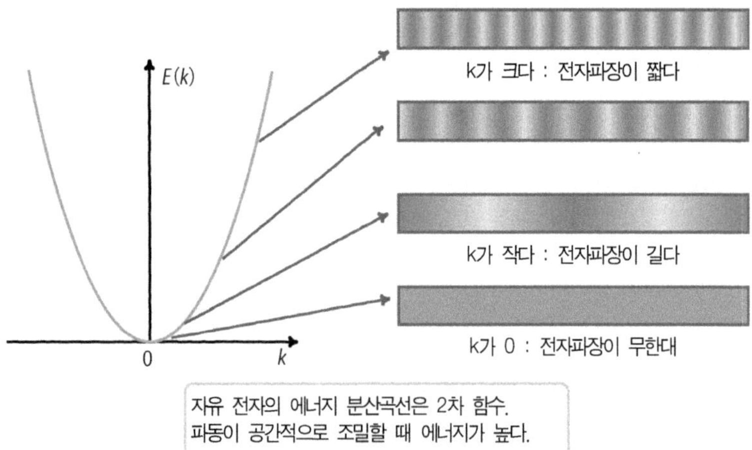

[068] 간접 천이를 이해하자③ 주기 포텐셜 속의 전자 파동을 생각하자.

주기 포텐셜이 있는 경우 전자 파동

결정 속의 전자 파동은 자유 전자의 평면파와는 꽤 모습이 다릅니다. 왜냐하면 각 원자의 위치는 플러스 전하가 있어서 마이너스 전하를 가진 전자를 강하게 끌어당기기 때문입니다. 전하 수 Z의 원자 부근의 포텐셜 에너지는 원자핵의 중심에서 거리를 r로 하여 $-Ze^2/r$로 표시되지만, 원자가 격자 상수 a의 주기를 가지고 일정하게 늘어서기 때문에 그림 1과 같이, 포텐셜 에너지도 주기적으로 나타납니다. 이러한 주기 포텐셜 하에서 전자의 파동은 단순한 평면파가 아닌 진폭이 결정격자의 주기를 가지고 주기 함수로 변동하는 평면파 (블로흐 파)입니다.

전자 파동 간섭에 의한 정재파의 아랫부분 위치는 두 가지 밴드 갭이 생긴다.

결정 속에는 주기 포텐셜로 반사되는 전자의 파동이 간섭하기 때문에 복잡한 전자 파동이 나타나고 있지만, 전자 파동의 파장이 격자 상수의 정수 배로 같을 때, 정재파가 발생합니다. 그림 2와 같이 정재파의 아랫 부분(전자 밀도가 높은 부분)이 원자에 있는 경우와 원자와 원자 사이에 있는 경우가 있습니다. 원자핵의 플러스 전하가 없으면, 이 2개의 정재파는 같은 에너지를 가지고 있지만 플러스 전하가 있기 때문에, 정재파의 아랫 부분이 원자에 있는 편이 원자 사이에 있는 경우보다 에너지가 낮아지고,

밴드갭이 발생할 것입니다.

가로축을 파수로 하는 밴드 그림은 자유 전자의 경우와 달리 파수의 다가 함수입니다. 또한 파수 축에 따라 역격자의 단위 격자 $a^* = 2\pi/a$ 뿐만 아니라 분산 관계는 같게 되므로, 최소의 단위로 하는 [$-a^*/2$, $a^*/2$J 구간(제 1 브릴리안 영역)만을 나타냅니다. $k = a^*/2$는 $2\pi/\lambda = \pi/a$ 로 다시 쓸 수 있기 때문에, 실제 공간으로 표현하면 $a = \lambda/2$에 해당하고, 반파장이 격자 간격과 일치하는 것을 의미합니다.

요점체크

- 결정 속의 전자 파동은 격자의 주기함수에 변조된 평면파로 표현된다.
- 역격자만 어긋난 에너지 분산곡선이 서로 상호작용하여 밴드가 된다.

[그림 1] 주기적인 원자배열과 전자가 받는 포텐셜에너지

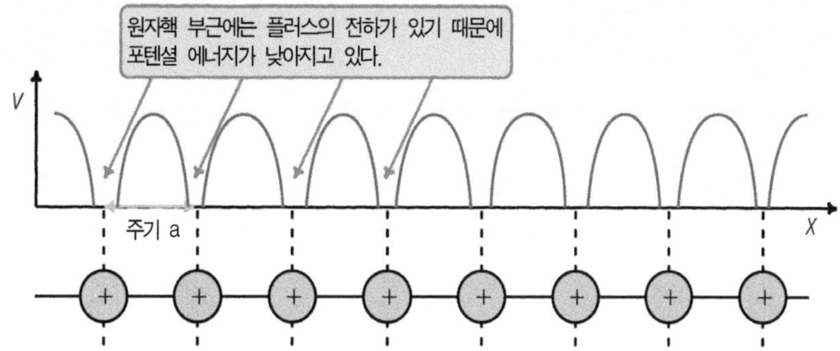

[그림 2] 주기 포텐셜과 밴드갭의 관계

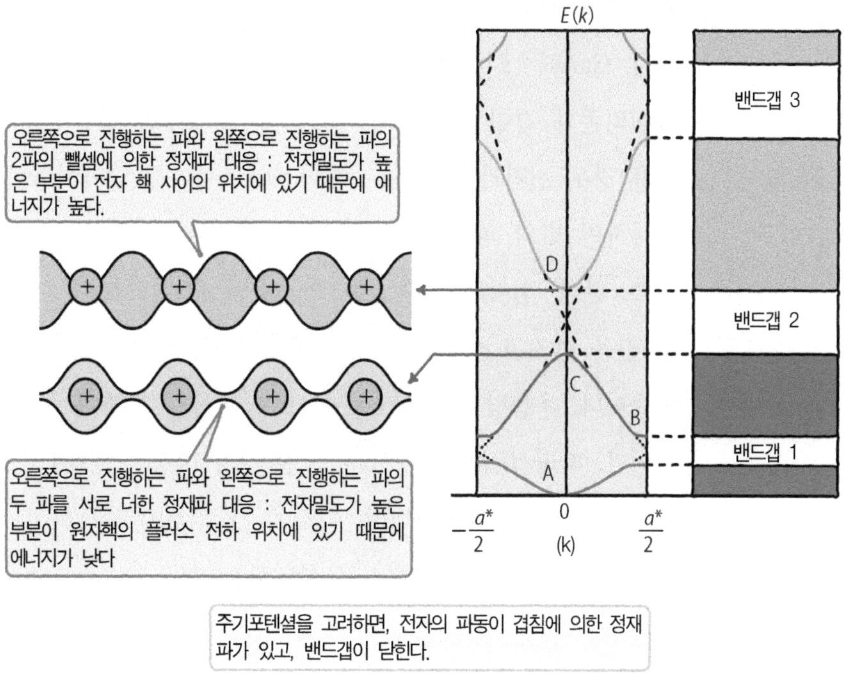

a*는 역격자의 단위격자의 길이를 표시한다.

$$a^* = \frac{2\pi}{a}$$

용어해설

포텐셜 에너지 : 쿨롱력이나 중력과 같은 근원이 되는 위치에 의존하는 에너지

[069] 간접 천이를 이해하자 ④ 반도체의 광흡수

그림 1은 (a) 실리콘 (b) GaAs 의 k에 대응하는 밴드 다이어그램입니다. 그림에서 가전자대의 정상 Ev는 실리콘, GaAs 모두 k = 0에 있습니다. 전도대의 바닥 (E_C)의 위치는 실리콘에서는 k= $a^*/2$ (반대 격자의 1/2)의 위치, GaAs는 k = 0에 있습니다.

실리콘과 같이 전도대의 바닥과 가전자대의 정상이 k 공간에서 위치가 다를 경우 전자가 빛을 흡수하여 밴드 사이를 날아서 이동할 수 없습니다. 왜냐하면 빛의 파장이 λ = 600nm의 경우, 파수 k=2π/λ은 10^7m^{-1} 정도입니다. 한편, 전자의 파수 k는 역격자의 1/2이므로, k = π/a ~ $10^{10}m^{-1}$정도의 값을 가지고 있습니다. 이렇게 빛의 주파수는 전자 파수보다 3 자리도 작습니다. 운동량은 p = $\hbar$k 이므로, 운동량 보존이 이루어지지 않기 때문입니다. 따라서 실리콘에서는, 포논(격자 진동의 양자)의 도움으로 처음 밴드 간의 전환이 가능합니다. 이것을 간접 천이라고 하고 이런 종류의 반도체를 간접 천이형 반도체라고 합니다.

간접 천이는 빛이 흡수가 약하기 때문에 태양 전지는 두꺼운 재료가 필요합니다. 한편, GaAs 같이 전도대의 바닥과 가전자대의 정상이 같은 파수 위치에 있는 경우, 운동량 보존 법칙이 성립하므로, 가전자대의 전자가 빛을 흡수하여 전도대에 직접 천이할 수 있습니다. 이것이 (047) 그림 2에 나타내었던 실리콘과 갈륨비소의 빛 흡수 강도의 차이의 원인입니다.

직접 천이의 광 흡수 계수 α(E)는 다음식으로 표시되며

$$\alpha(E) = A\ (h\omega\text{-}Eg)^{1/2}\ /\ h\omega$$

그림 3 (a)처럼 Eg에서 가파르게 상승합니다. 한편, 간접 천이의 광 흡수 계수 $\alpha(E)$는

$$\alpha(E) = B\ (h\omega\text{-}Eg)^{2}/h\omega$$

로 표시되고 (b)와 같이 천천히 시작됩니다.

요점체크

- 가전자대의 정상과 전도대의 바닥이 파수가 다르면 간접 천이된다.
- 간접천이는 phonon의 도움으로 운동량을 보존한다.

[그림 1] 전자의 파수 k를 가로축으로 그린 실리콘과 GaAs의 밴드 그림

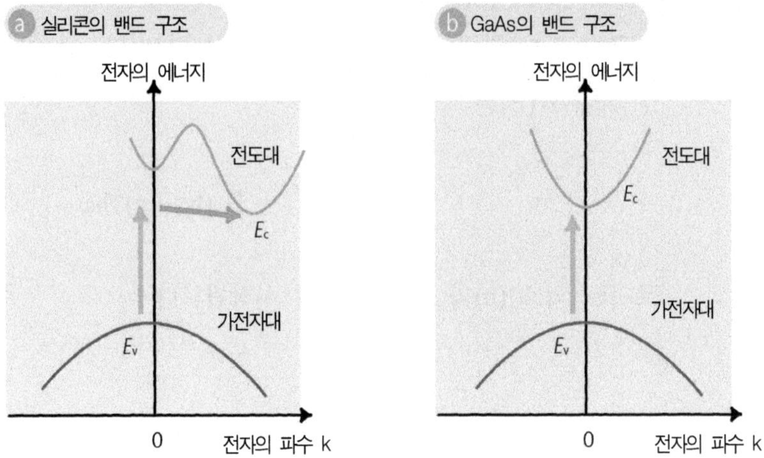

[그림 2] 간접 천이 메커니즘

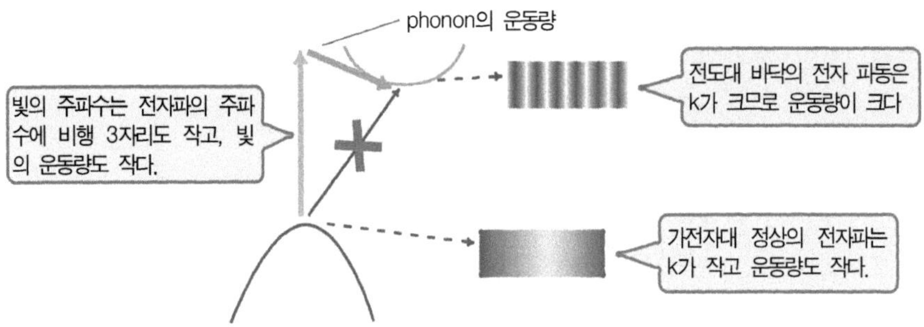

[그림 3] 직접천이형 반도체와 간접천이형 반도체 - 광흡수 계수의 급격한 상승이 차이

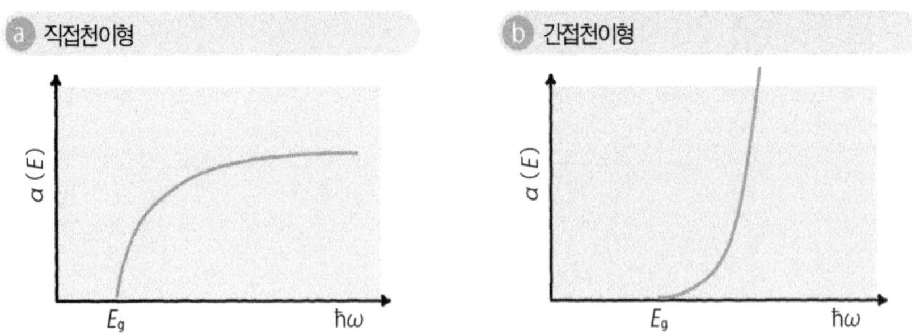

[070] 실리콘은 금속이 아닌데, 왜 금속광택을 나타내는가?

실리콘은 금속 광택을 가지며, 빛을 잘 반사하기 때문에 태양광이 실리콘에 들어가는 것을 막고 태양 전지의 효율을 나쁘게 합니다. 이 때문에 반사 방지막 코팅을 하는 등 대책을 하는 것은 제2장 (024)에서 말한 것과 같습니다.

금속 광택은 무엇일까요? 연마했을 때 거울처럼 잘 빛을 반사하는 성질입니다. 금속에는 많은 자유 전자가 있는데, 빛(전자파)의 전계 성분에 의해 집단적으로 진동하여 전계와 반대 방향의 전기 분극이 생겨 빛을 입사시키지 않는 것이 높은 반사율 원인입니다.

실리콘은 금속이 아니기 때문에 자유 전자는 거의 없을 것입니다. 그런데 실리콘은 왜 금속 광택을 나타내는 것일까요? 결론부터 먼저 말하면, 실리콘의 높은 반사율은 굴절률이 큰 것이 원인입니다.

광학 이론에 따르면, 수직 입사 반사율 R은 굴절률 n, 소광 계수 κ를 이용하여

$$R = \{(n-1)^2 + \kappa^2\}/\{(n+1)^2 + \kappa^2\} \times 100\% \qquad (1)$$

로 주어집니다. 소광 계수라는 것은 빛의 흡수를 나타내는 광학 상수입니다. 표1은 실리콘의 굴절률 n, 소광 계수 k, 반사율 R을 광자 에너지 E에 대해 설명합니다. 이것보다 실리콘 가시광 영역의 파장에 대해 35 % 이상의 높은 반사율을 가지므로, 금속 광택의 원인이 높은 굴절률에 의한 것임

을 알 수 있습니다. 태양 전지에서는 (024)에서 언급했듯이, 굴절률 정합을 취하고 반사를 억제하여 효율을 높이고 있습니다. 그럼, 왜 실리콘은 굴절률이 높은 것일까요? 굴절률은 유전율과 관련되어 있는데, 굴절률의 제곱을 유전이 됩니다. 한편, 유전율은 그림2와 같이 밴드갭 Eg의 제곱의 역수에 비례하는 성분을 가지고 있습니다. 따라서 밴드갭이 작은 실리콘은 밴드 갭이 큰 반도체(ZnO의 경우)보다 굴절률이 높습니다.

요점체크

- 실리콘의 금속광택은 자유전자때문이 아니라, 높은 굴절률이 원인이다.
- 반도체의 굴절률은 밴드갭이 작을수록 커지는 경향을 나타낸다.

[그림 1] 실리콘 잉곳

[표 1] 실리콘 광학상수 n, κ와 반사율 R

E(eV)	λ(nm)	n	K	R(%)
1	1239.8	3.52	0	31.1
1.5	826.5	3.673	0.005	32.7
2	619.9	3.906	0.022	35.1
2.5	495.9	4.32	0.273	39.0
3	413.3	5.222	0.264	46.1
3.5	354.2	5.61	3.014	57.5
4	310.0	5.01	3.58	59.0

[그림 2] 반도체 광학유전율과 밴드갭의 관계

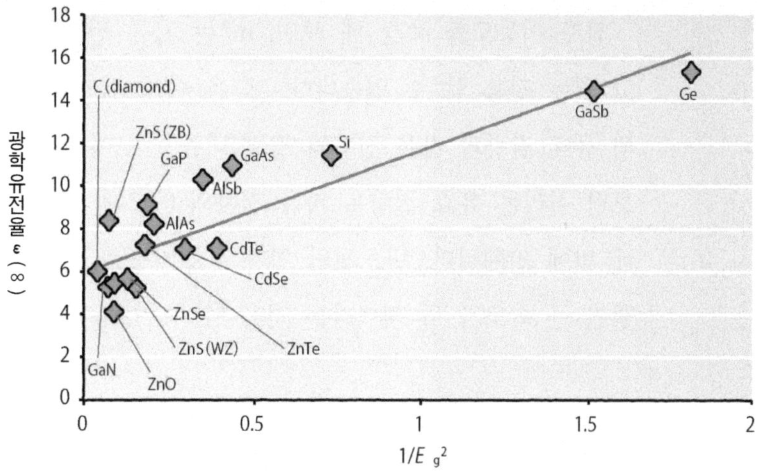

[071] 반도체의 전자는 자유 전자보다 가벼운 게 말인가요?

유효 질량은?

반도체 전자(전하 e)에 전계 E를 가하면 속도 v는 얼마 될까요? 전계에 의한 힘은 eE로 표시되고, 전자가 산란을 받을 때까지의 시간을 τ라고 하면 전자가 산란할 때까지에 eEτ 크기로 작동합니다. 이것은 전자가 받는 운동 증가와 동일하므로 반도체에서 전자의 질량을 m*이라고 하면 m*v = eEτ되고, 속도는 v = eEτ/m*입니다. 전자 이동도는 속도와 전계의 비율이므로 μ = v/E = eτ/m*입니다. 이 m*을 유효 질량이라고 합니다.

반도체 전자의 유효 질량은 자유 전자보다 얼마나 가벼운가?

전자 이동도를 측정 해 보면, m*는 자유 전자의 질량보다 훨씬 작아지고 있는 것을 알 수 있습니다. 표1은 여러 가지 반도체에 대해 전자와 홀의 유효 질량과 자유 전자의 질량 비율을 보여줍니다. 전자에 한해서 살펴보면 실리콘 유효 질량은 자유 전자의 0.32배, 갈륨비소에서는 무려 0.067배 밖에 안됩니다. 반도체의 전자는 전기장을 가했을 때의 자유 전자보다 훨씬 큰 속도가 될 것이라는 것을 알 수 있습니다.

반도체 캐리어의 유효 질량은 왜 가벼운가?

왜 반도체에서 전자와 홀은 자유 전자보다 가벼운 것일까요? 그림1의 에너지 분산 그림에서 A, D 근처에는 포물선 형상이기 때문에, 자유 전자와 마찬가지로 2차 함수로 표현되어야하지만, 자유 전자의 경우와 포물선 형상과는 분명히 차이가 있습니다. 이 차이를 나타내기 위해서, 자유 전자 질량 대신 유효 질량 m*를 사용하여, 에너지를 $E = hk^2/2m^*$로 나타냅니다. 이 식에서 유효 질량 m*는 분산 곡선 E(k)의 곡률의 역수에 비례하는 것으로 유도됩니다. A 근처와 D 주위를 비교하면 D 부근 쪽이 곡선 쪽이 급하게 변하므로, 즉 큰 곡률을 가지므로, 유효 질량이 가벼워지고 있다고 생각됩니다.

요점체크

- 반도체의 전자와 홀의 질량은 자유 전자보다 훨씬 가볍다.
- 유효 질량은 밴드 분산곡선의 k공간에서 곡률의 역수에 비례한다.

[표 1] 반도체의 유효 질량과 자유 전자 질량의 비율

반도체		실리콘	게르마늄	갈륨 비소	인듐 인화물
유효 질량	전자	0.32	0.22	0.067	0.0765
	무거운 홀	0.537	0.34	0.50	0.58
	가벼운 홀	0.153	0.043	0.080	0.12

일본 물리학회 편찬[물리데이타 사전](조창서점, 2006)

[그림 1] 제1 브릴리안 영역의 밴드 구조

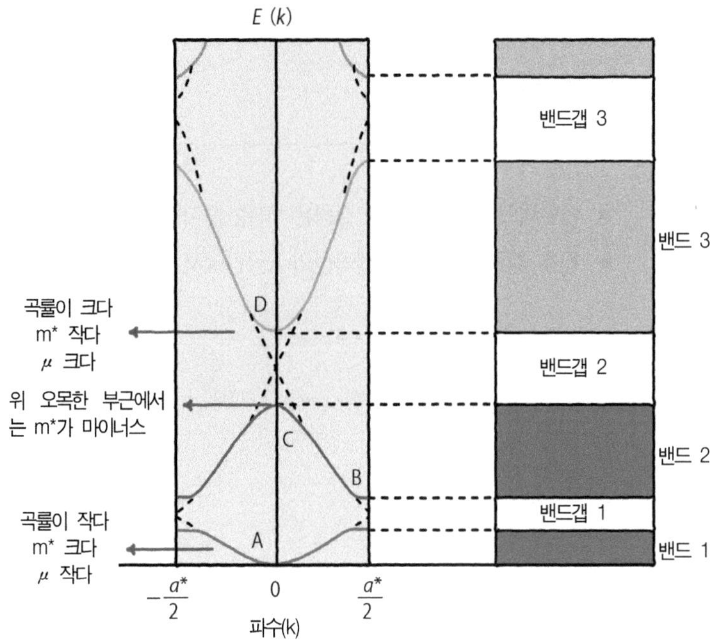

반도체 캐리어 유효 질량은 전자의 에너지 밴드를 전자의 파수 k에 대하여 그래프를 그린 '분산곡선'의 곡률(k에 대한 2회 미분)의 역수에 비례한다. A점보다 B점, D점 부근쪽이 곡률이 크고 유효 질량은 작다고 생각됩니다. 또한 C지점 부근에서는 유효 질량이 마이너스가 되지만, 전자의 빈 공간인 홀에 대해서는 유효 질량이 플러스이다.

COLUMN

데이터가 말하는 태양광 발전의 진실 ④ 피크 차단 효과는?

그림은 필자의 집에서 측정한 부하(소비) 전력량과 태양광 발전량의 상관 관계를 나타내는 그래프입니다. 실선은 선형 근사했을 때의 회귀 곡선입니다. 그림 (a)와 같이 연중으로 보면 상관 관계는 명확하지 않지만, 7~9월 한정하면, 그림 (b)와 같이 뚜렷한 상관관계를 볼 수 있습니다. 여기서 전기를 잘 사용하는 날에는 발전량도 크다는 것을 알 수 있고 피크 차단 효과가 있다는 것을 알 수 있습니다.

[그림 (a)] 부하전력량과 태양전지출력의 상관도

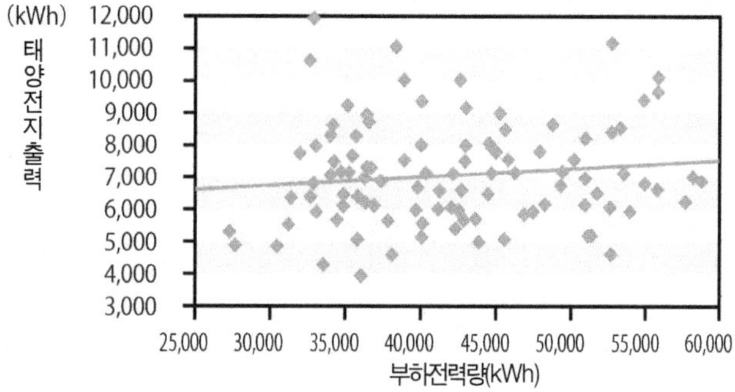

[그림 (b)] 여름철에 있어서의 부하전력량과 태양전지출력의 상관도

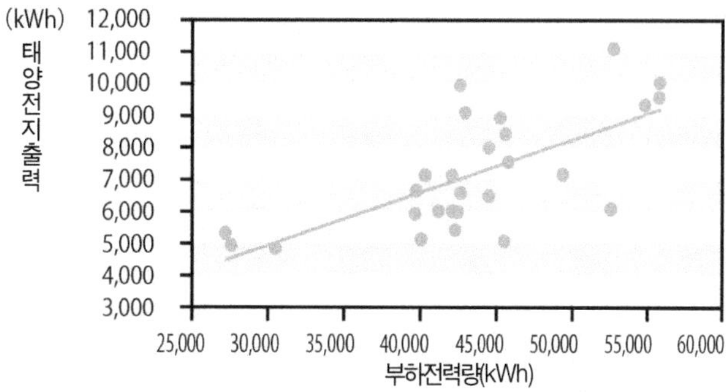

06

태양전지를 위한 반도체 소자 입문 (상급편)

태양전지 pn접합 다이오드는 반도체 소자의 기초이다. 태양전지를 정확히 이해하기 위해서는 반도체 소자의 기초 지식이 필수적으로 필요하다. 여기에서는 5장에서 배운 밴드 이론을 바탕으로한 반도체 물성의 기초지식이 있으므로 반도체 소자의 기초를 닦아보자.

[072] 태양 전지는 다이오드의 일종 다이오드의 기원은 이극관과 진공관

다이오드는 원래 그림 1에 나타낸 것과 같이 '이극관'이라는 진공관을 말합니다. 이 이극관 특허도, 에디슨이 가지고 있었다는 것은 놀라움입니다. 이극관은 플레이트(양극)가 캐소드보다 전위가 높을 때 진공의 캐소드에서 나온 전자가 플레이트에 도달하기 때문에 전류가 흐르지만, 전위가 낮을 때에는 도달하지 못하기 때문에 전류가 흐르지 없습니다. 이 기능을 이용하여 교류를 직류로 바꾸는 '정류기'나 무선통신의 '감지기'로 사용되었습니다.

20 세기 중반에, 이극관과 같은 정류 작용을 가지는 반도체 pn접합 소자가 발명되어 '다이오드'라고 이름 붙여졌습니다. 다이오드는 그림 2의 그래프와 같은 정류 특성이 있어서, 정류기 및 검파기의 용도로 양극 진공관을 구축하였습니다.

또한 반도체 다이오드는 이극관에는 없는 광기능이 있습니다. 그림 3은 다이오드의 광기능을 이용한 소자의 예입니다. 빛을 쬐면 기전력을 발생하는 광기전력 효과를 이용한 '포토 다이오드', 광섬유 통신의 광검출기나 자동문 센서 등에 사용됩니다. 또한 포토 다이오드를 집적화한 '이미지 센서'는 디지털 카메라나 비디오 카메라 등에 사용되고 있습니다. 태양전지도 포토 다이오드의 한 종류입니다.

다이오드에 순방향 전류를 흘리면, 전류주입 발광현상이 일어납니다. 이것을 이용한 발광장치를 '발광 다이오드'(LED)라고 부르며, 저소비 전력으로 긴 수명의 조명용 광원으로서 램프와 신호등 등에 사용되고 있습니다. 또, 차세대평면 디스플레이에 사용되는 '유기EL패널'은 유기물 발광 다이오드입니다.

발광 다이오드의 구조를 약간 추가하면 레이저 광선을 추출할 수 있습니다. 이것을 '레이저'라고 하고, 광통신, 빛디스크 등의 광원에 사용됩니다.

요점체크

- 다이오드는 정류성외에 광기전력, 전류주입 발광 등 조명기능이 있다.
- 태양 전지, 광센서, 이미지 센서는 태기전력을 이용하고 있다.

[그림 1] 다이오드는 이극관이라는 진공관 이었다.

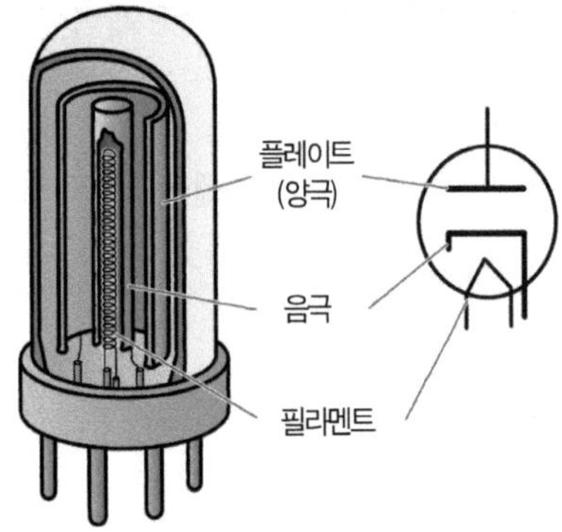

필라멘트에서 방출되고 캐소드를 통한 전자가 플레이트가 캐소드(음극)보다 플러스 전압이면 플레이트에 도달하고 전류가 흐르지만 마이너스 전압인 경우 도달하지 못하고 전류가 흐르지 않기 때문에, 정류작용을 한다.

[그림 2] 반도체 다이오드의 외관 및 전류-전압 특성

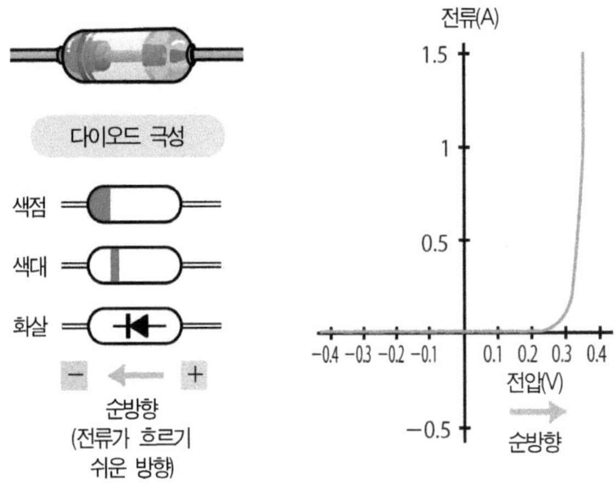

반도체 다이오도 전류-전압특성 그래프. 다이오드 극성 그림의 화살표 방향으로 전압을 가하면 순방향이고, 반대 방향으로 전압을 가하는 경우는 역방향이다. 신 방향으로 전류가 흐를 수 있지만 역방향으로 흐르지 않는 정류 특성을 보인다.

[그림 3] 다이오도 광기능을 이용한 소자는 매우 많다.

태양전지 포토 다이오드 CMOS 센서 LED 램프 LED 신호등 반도체 레이저

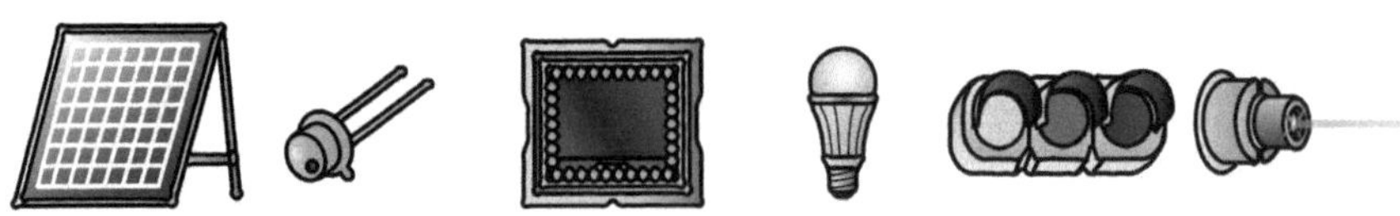

용어해설

광기능 : 광기전력 효과(빛을 전기로 바꾸는)와 전류주입발광(전류를 흘려 빛을 발하는)의 2가지 기능을 함께 광기능이라고 한다.

[073] pn 접합 계면에 있는 공핍층과 내부 전위차

제1장 (011)에서 pn 접합 계면 부근에는 내부 전위차가 있다고 말했습니다. 이 문제를 제5장에서 배운 밴드 다이어그램을 사용하여 설명해봅시다. 그림 1은 n형 반도체와 p형 반도체의 밴드 다이어그램입니다. 점선은 페르미 준위를 나타냅니다. 페르미 준위는 n형으로는 전도대 아래 도너 준위 근처에 위치하고, p형에서는 가전자대의 어셉터 준위 근처에 있습니다.

그림 2(a)는 p형 반도체와 n형 반도체를 접합한 후에 일어나는 변화를 보여줍니다. pn 접합 계면 부근에서는 n형 측의 전자 농도가 p형 측에서 높기 때문에 전자는 농도가 낮은 p형 쪽으로 확산합니다. 마찬가지로 p형 측의 홀은 n형 쪽으로 확산됩니다. p형 쪽으로 확산된 전자는 소수 캐리어이므로 다수 캐리어에 있는 홀과 재결합하고, 플러스로 대전된 이온화된 어셉터를 남깁니다. 반대로 n형 측으로 확산된 홀은 전지와 재결합하고, 마이너스로 대전된 이온화된 도너를 남깁니다.

재결합의 결과, (b)와 같이 pn 접합 계면에 캐리어가 없는 영역(공핍층)이 생기고 공핍층에는 플러스와 마이너스의 전하가 남아 전위차를 제공합니다. p형 측의 전자는 이 전위차에 의해 n형 쪽으로 향하게 되고(드리프트), n형 측의 홀도 마찬가지로 전위차에 의해서 드리프트하고 p형 쪽으로 향합니다.

농도 차이에 의한 확산과 드리프트가 같아지는 점에서 확산은 멈추고 p형과 n형의 페르미 준위는 일치합니다. 이 때 전위차가 내부 전위차입니다. 내부 전위차 Vd는 도너 밀도 Nd와 어셉터 밀도 Na 함수입니다. ((b)

에서 Vd가 아래로 그려져 있는 것은 전자에 아래로 끌어 당겨지는 것을 표현합니다.)

요점체크

- pn접합을 만들면 계면에서 캐리어의 확산이 발생하여 공핍층이 발생한다.
- 내부 전위차는 확산전류와 드리프트 전류의 균형에서 구할 수 있다.

[그림 1] n형과 p형 반도체 밴드 다이아그램

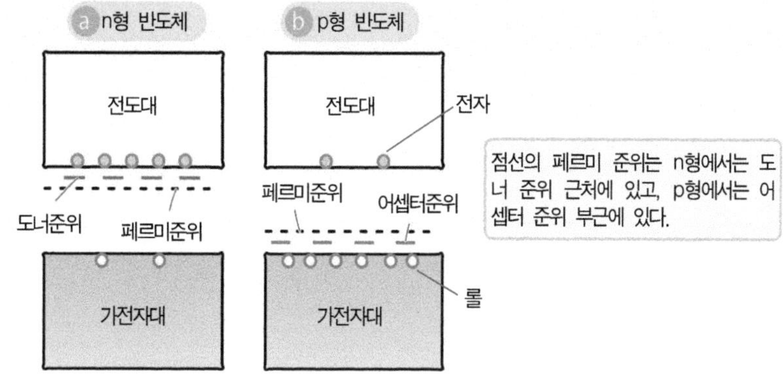

[그림 2] pn접합에 의한 밴드의 변화

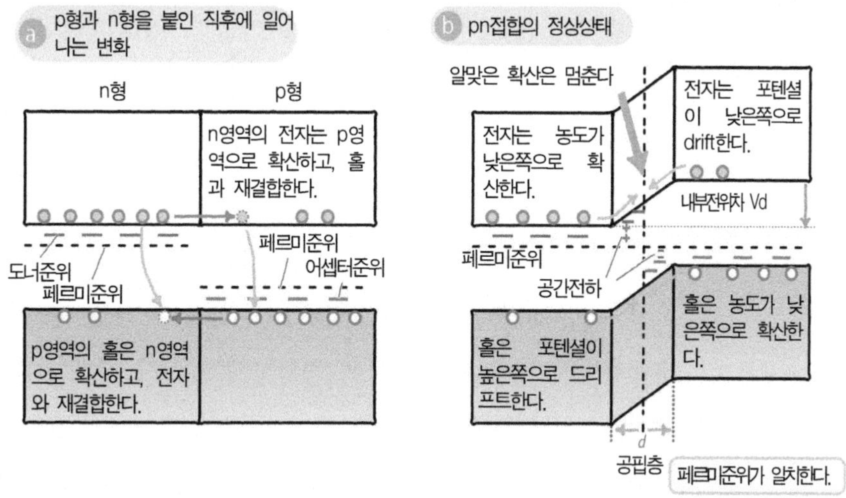

p형 반도체와 n형 반도체를 붙일 때 pn접합 계면부근에서는 n형측의 전자농도가 p형측보다 높아서, 전자는 p형 쪽으로 확산한다. 마찬가지로 p형쪽 홀은 n형 쪽으로 확산한다. p형쪽에 소수 캐리어로 확산된 전자는 다수 캐리어이다인 홀과 재결합하여 소멸되고 플러스로 대전된 이온화된 어셉터를 남긴다. 반대로, n형쪽에 소수 캐리어로 확산된 홀은 다수 캐리어인 전자와 재결합하여 소멸하고 마이너스로 대전된 이온화된 도너를 남긴다.

정상상태에서는, pn접합계면에 캐리어가 없는 영역(공핍층)이 발생하는데, 공핍층에는 플러스와 마이너스의 전하가 남아서 전위차가 발생한다. p형 측의 전자는 이 전위차에 의하여 드리프트되어 n형 측으로, n형 측의 홀은 이 전위차에 의하여 p형 측으로 움직인다. 확산과 드리프트가 같을 때 확산은 멈추게 되고, p형과 n형의 페르미 준위는 일치한다. 이 전위차를 내부 전위차라고 한다.

[074] pn 접합 다이오드의 순방향 특성 전류는 기하급수적으로 변화한다.

pn 접합 다이오드의 순방향(p형의 쪽을 플러스, n형 쪽을 마이너스) 전류는 전압과 함께 기하급수적으로 증가합니다. 그 이유를 밴드 그림을 통해 설명하겠습니다.

그림 1의 (a)와 같은 pn 접합을 만들면, 경계 면에서 확산 전류와 역류하는 드리프트 전류가 균형되도록 내부 전위차 Vd가 발생합니다. 순방향 전압(p형 측에 플러스 전압) V를 가하면 전자의 에너지는 eV 만큼 내려가기 때문에, 밴드 구조는 (b)와 같이 되고, 에너지의 슬로프가 낮아져서 확산이 쉽게 되고, 확산 전류가 드리프트 전류보다 많아지므로 전자는 p영역으로, 홀은 n영역으로 주입됩니다. 전압을 가했을 때, 페르미 준위는 n측과 p측에서 다릅니다. 이들은 정확하게는 의사 페르미 준위라고 불러야 할 것이지만, 이 책에서는 쉽게 하기 위해서 페르미 준위라고 합니다.

주입 전에는 p 영역에 존재하는 소수 캐리어(전자) 밀도를 n_p라고 하면, 주입된 과잉 전자 밀도는 $n_o = n_p\{\exp(eV/kT)-l\}$입니다. V를 추가해서 경사가 완만하게 된 만큼 소수 캐리어 수는 기하급수적으로 커질 것입니다. 주입된 전자와 홀의 순방향 전류 값은 주입된 소수 캐리어가 어디까지 확산될 지에 따라서 결정됩니다. 접합면을 통과해 흐르는 전체 전류 밀도는,

$$J = n_o e\{\exp(eV/kT)\ -1\} \qquad (1)$$

로 표시됩니다. 여기서 n_o는 확산에 기여하는 소수 캐리어 밀도로서, 전자

와 홀의 확산 계수, 확산 길이를 사용하여 표현하는 것은 간단한 분석에서 보여줄 수 있습니다.

그림2는 실온(kT/e= 0.026eV)의 경우에, 이 식을 그래프로 그린 것입니다. 0.6V부근에서 급격히 커지는 모양을 확인할 수 있습니다.

요점체크

- pn접합의 순방향 전류는 공핍층의 전압 장벽이 낮아진 것에 따른다.
- 순방향 전류는 전압이 0.6V 근처에서 급격히 커진다.

[그림 1] pn접합의 순방향 전압을 가할 때 전자 · 홀 밀도 변화

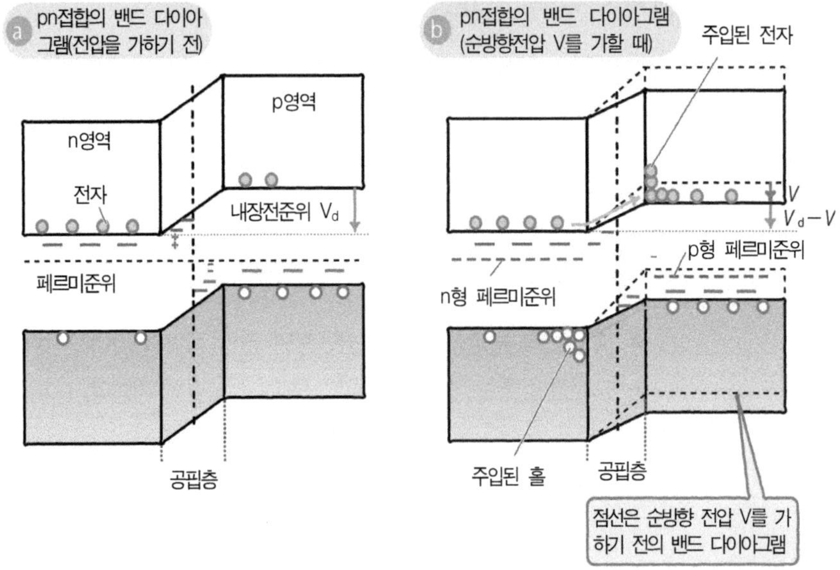

pn접합은 경계면에서 농도차에 의해 흐르는 확산전류가 전위차에 의해 역류하는 드리프트 전류와 같아지고 페르미 준위가 일치하도록 내부 전위차가 발생한다.

pn 접합에 순방향 전압 (p 형 측이 플러스 전압) V를 가하면 전자의 에너지는 eV만큼 내려가기 때문에 그림과 같이 에너지 경사가 완만하게 전압차를 낸다. 이 결과 확산하기 쉬워 확산 전류 드리프트 전류를 초과하여 전자가 p 영역에서 n 영역으로 주입된다.

[그림 2] pn접합의 순방향전류가 0.6V 근처에서 급격히 증가한다.

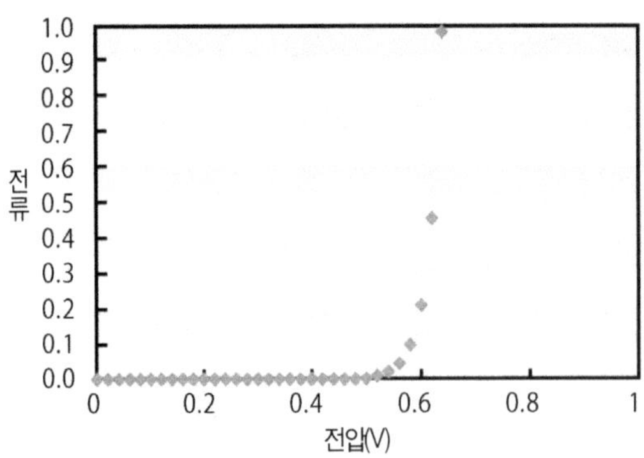

pn 접합 다이오드의 순방향 전류밀도 J는 전압(V)를 인가할 때 $J=n_o*e*\{exp(eV/kT)-1\}$로 변화한다. 이 식을 그래프로 표시하면 0.6V근처에서 급격히 증가하는 전류-전압 특성을 나타낸다.

[075] pn 접합 다이오드 역방향 특성 전류는 작고 거의 일정하다.

(074)에서는 pn 접합 다이오드에 순방향 전압(p측에 플러스, n측에 마이너스)을 가했을 때의 전류에 대해서 말하였습니다. 여기에서는 pn 접합 다이오드에 역방향 전압을 가했을 때 흐르는 작은 전류에 대해 설명합니다.

그림 1은 역방향 전압을 가했을 때의 밴드 다이아그램을 나타냅니다. 밴드의 단차 Vd-V는 V가 마이너스이기 때문에 그림과 같이 역방향 전압을 가하기 전보다 높게 나타냈습니다. 따라서 n형 영역에서 p형 영역으로의 전자의 확산 전류 및 p형 영역에서 n형 영역으로의 홀의 확산 전류 대부분은 '0'입니다.

p형 영역의 소수 캐리어인 전자 중에서 공핍층 부근의 것은 슬로프를 타고 내려서 n형 영역으로 흘러듭니다. 그 결과, p형 영역의 소수 캐리어 밀도의 연속성을 유지하기 위해 전극을 통해 외부 회로로부터 전자가 흘러갑니다. 이것이 역방향 전류가 됩니다.

소수 캐리어의 흐름은 p형 영역의 확산 속도에 의해 결정됩니다. 이를 확산제한이라고 합니다. n형 영역 홀에 대해서도 확산 속도로 정해지는 전류가 흐릅니다. 간단한 분석으로 (074)에 나와 있는 순방향 전류 식 (1)에서 V를 마이너스 무한대로 하여 $J = -n_o e$이 되는 것을 볼 수 있습니다.

따라서 앞으로도 뒤로도 내내 같은 다이오드 식

$$J = -n_o e\{\exp(eV/kT) - 1\} \tag{1}$$

을 사용하여 나타낼 수 있습니다. 이 식을 그래프로 나타낸 것이 그림 2입니다. 그림은 전압 '0V' 부근에서 전류-전압 특성을 확대하여 보여줍니다.

요점체크

- pn접합에 역방향전압을 가하면 약간의 역방향 전류가 흐른다.

[그림 1] pn접합에 역방향 전압을 가하는 경우의 밴드의 변화

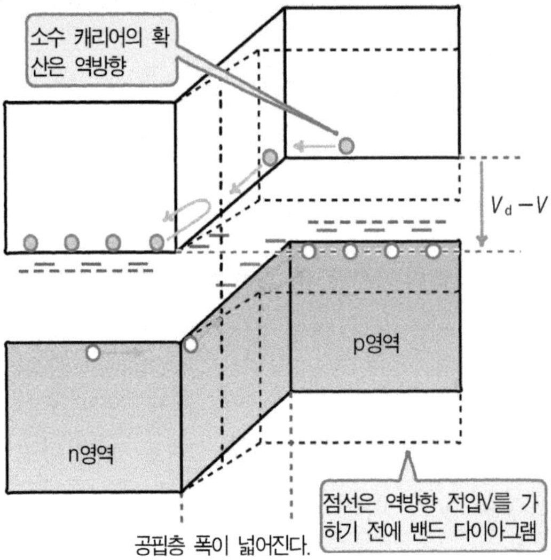

역방향 전압(V<0)를 가했을 때의 밴드의 단차 Vd-V는, 가하기 전보다 확대한다. 따라서 n형 영역에서 p형 영역으로 전자의 확산전류와 p형 영역에서 n형 영역으로 홀의 확산 전류도 거의 영이 된다.p형 영역의 전자는 공핍층 부근에서는 슬로프를 타고 내려가 n영역으로 흘러가고 p형 영역내의 소수 캐리어 밀도의 연속성을 유지하기 위해 전극을 통해 외부 회로에서 전자가 흘러든다. 이것을 역방향 전류라고 한다. 소수 캐리어의 흐름은 p형 영역의 확산속도에 달려있다. n형 영역의 홀에 대해서도 확산속도로 결정되는 전류가 흐른다.

[그림 2] 다이오드 식의 원점 부근을 확대한 그래프

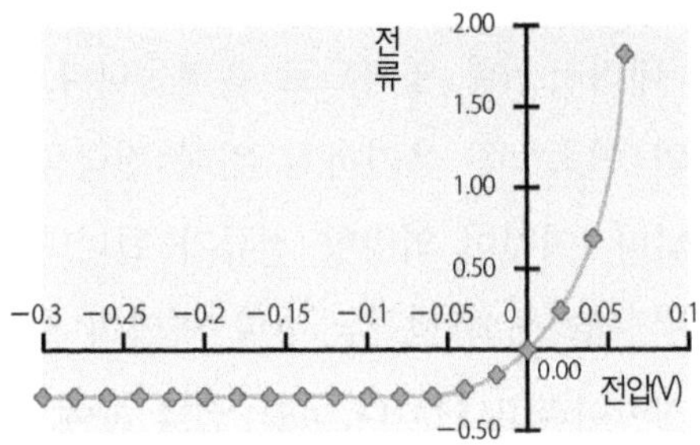

그림은 다이오드를 흐르는 전류의 식

$$J = -n_0 e\{\exp(eV/kT) - 1\} \quad \cdots\cdots ①$$

의 전압 '0V' 부근의 전류-전압 특성을 확대하여 보여준다. 0.lV보다 큰 역방향 전압을 가하면, 전류가 확산에 의해 결정되는 아주 작은 일정한 값으로 수렴한다.

[076] 뒷면 장벽(BSF)에 의해 효율 개선 태양 전지의 밴드의 단면 구조

제5장 (056)에서 pn 접합의 광기전력 효과에 대해 말했습니다. 그 때 그림에서 빛이 공핍층에서만 흡수되어 전자-홀 쌍이 있다고 설명했습니다. 이 설명은 실제 태양 전지에서는 반드시 성립되지 않습니다.

그림 1은 결정계 실리콘 태양 전지 (a) 단면 구조 및 (b) 밴드 프로파일(단면에 따른 밴드의 변화)를 나타내고 있습니다. n영역에서 들어온 빛이 실리콘 내부를 이동하여, 공핍층, 심지어는 p 영역에까지 이릅니다. 따라서 빛을 흡수하여 전자 홀 쌍을 생성은 n영역, 공핍층, p영역 모두에서 일어납니다.

공핍층(b의 ① 부근)에서 생성된 전자와 홀은 내부 전위의 경사도(전기장)에 의해 전자는 n 영역에 휩쓸리고(드리프트), 홀은 p 영역에 휩쓸려 분리됩니다. n영역(b의 ② 부근)에서 광 생성된 홀 중 공핍층 끝에서 소수 캐리어 확산 길이 Lp 이내 것들이 확산되고 공핍층에 들어가 전류에 기여합니다.

또한 P 영역(b의 ③ 부근)에서 광생성된 전자도 공핍층 끝에서 확산 길이 Ln 범위 것은 광전류에 기여합니다. 그런데 이보다 깊은 곳에서 생성된 전자이면 전극까지 확산하여 효율이 저하됩니다. 따라서 뒷면 장벽(BSF)를 설치하여 전자가 전극까지 들어가지 않도록 궁리를 하고 있습니다. 이 실리콘의 BSF 구조는 고밀도로 도핑된 p+ 층을 배면 전극 부근에 설치하여 p-p+ 간의 장벽(b의 ④ 부근)을 만들고, 전자의 확산을 막아서 전극 부근의 재결합을 억제하게 하는 것입니다.

n영역에서 전자가, p영역에서 홀이 축적된 결과로, n 측의 페르미 준위가 p측의 페르미 준위보다 높습니다. 이 차이가 개방 전압입니다.

요점체크

- 광캐리어의 생성은 n영역, 공핍층, p영역의 모든 영역에서 일어난다.
- 뒷면 장벽(BSF)구조는 긴 파장특성과 형상인자의 개선을 도모한다.

[그림 1] 실제 태양 전지의 단면구조와 밴드 프로파일

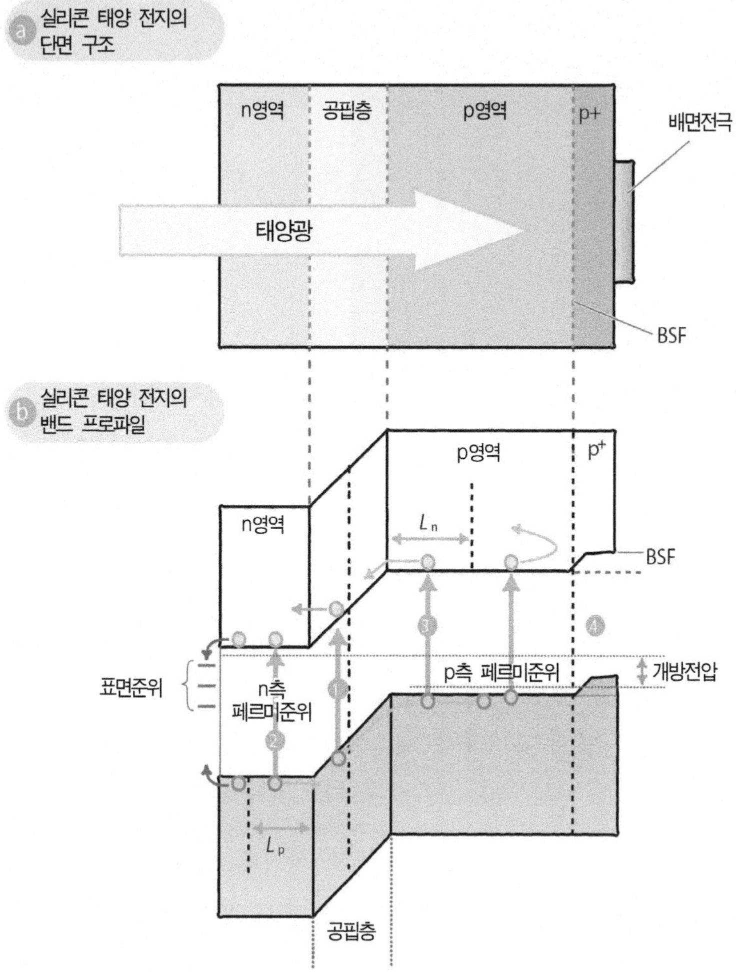

n영역으로 들어온 빛이 실리콘 내부를 이동, 공핍층, 심지어는 p영역에 도달하여 빛의 흡수에 의한 전자홀 쌍의 생성은 p영역, 공핍층, n영역 모두에서 일어난다.

① 공핍층에서 생성된 전자와 홀은 내부전위차가 만드는 슬로프(전계)를 따라서,전자는 n영역으로, 홀은 p영역으로 흘러서 전자와 홀이 분리된다.
② n영역에서 생성된 홀은 확산되어 공핍층으로 들어가고 전류에 기여한다.
③ p영역에서 생성된 전자도 공핍층 가장자리 근처의 전자는 광전류에 기여한다.
④ p영역의 전자가 확산하여 전극에 닿지 않도록 뒷면 장벽(BSF)를 설치한다.

[077] 소수 캐리어의 수명을 연장하는 표면보호막 증착

표면 재결합 속도가 변환 효율을 크게 저하시킨다.

(041)에서 언급한 바와 같이 결정질 태양 전지는 소수 캐리어가 발전에 기여하는 장치입니다. 이를 위해 소수 캐리어 이동량인 확산 길이와 수명(다수 캐리어와 재결합하여 손실되는 시간)이 중요한 의미를 가지고 있습니다. 소수 캐리어 수명의 역수 $1/\tau_{eff}$는 재결합의 확률을 나타내지만, 이것은 그림 1의 오른쪽 표현식에서와 같이 결정 내부(벌크)에서 재결합 확률과 결정 표면에서 재결합 확률의 합으로 표현됩니다. 표면에서 재결합 확률을 주는 것이 표면 재결합 속도 S입니다.

그림 1의 그래프는 태양 전지의 변환 효율에 미치는 표면 재결합의 영향을 나타냅니다. 특히 빛을 받는 부분의 표면 재결합 속도가 변환 효율에 매우 큰 영향을 미치고 있는 것을 알 수 있습니다. 전극 부근의 반도체 표면층은 고농도 불순물이 도핑된 층(p+, n+ 등)이지만, 결정성이 나쁘고 표면 재결합에 의해 수명이 짧아지고 있습니다.

다양한 표면보호막에 의해 재결합 속도를 낮춘다

재결합을 줄이기 위해서는 표면 결함을 불활성화할 표면보호를 실시합니다. 그림 2는 결정질 실리콘 태양 전지의 표면 보호의 모습을 보여줍니다. 표면 측의 표면 보호는 실리콘 질화막을 사용하고 뒷면 측의 표면 보호에는 실리콘 산화막이 사용됩니다. 실리콘 질화막은 플라즈마 CVD 법에 의해 증착합니다.

다결정 실리콘 태양 전지의 경우에는 결정립 및 결정립 경계에 있는 결합이 끊어진 부분(미 결합 본드)를 통해 누설 전류가 흘러 광기전력을 낮추고 있습니다. 표면 보호를 위해서는 CVD 법으로 실리콘 질화물을 증착하지만, CVD에 이용하는 수소가 결합을 이루지 않고 있는 미결합 본드의 수소와의 결합에도 표면 보호가 기여할 것입니다.

요점체크

- 소수 캐리어의 표면 재결합 속도가 큰 경우 변환 효율이 저하한다.
- 표면재결합을 방지하기 위해 실리콘 질화막을 증착하여 표면 보호한다.

[그림 1] 태양 전지의 변환 효율과 표면 재결합 속도의 관계

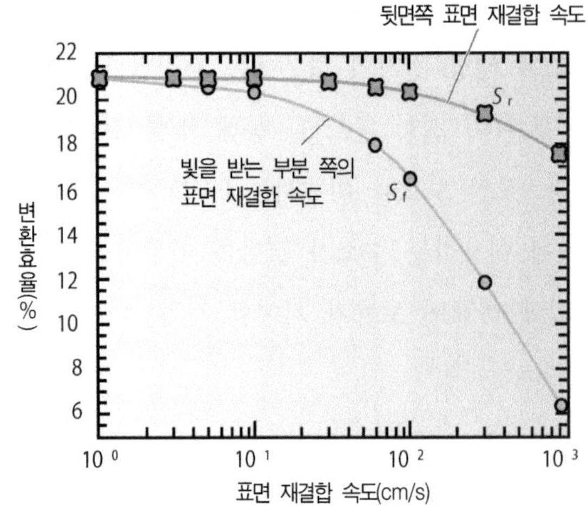

표면 재결합 속도 S와 유효 캐리어 수명 τ_{eff} 관계

$$\frac{1}{\tau_{eff}} = \frac{1}{\tau_{bulk}} + \frac{2S}{W}$$

τ_{bulk}는 벌크의 수명, W는 기판의 두께 표면 재결합 속도 S 중 빛을 받는 부분은 S_f 및 뒷면 측면은 S_r로 그림에 표시

S_f, S_r은 각각 표면과 뒷면의 재결합 속도에 의존. 특히 빛을 받는 부분의 재결합 속도가 변환 효율에 매우 큰 영향을 미치는 것을 예를 통해 알 수 있다 .

출처 : 샤프 妓報 93 (2005) p.11

[그림 2] 결정계 실리콘 태양 전지셀의 표면 보호 개요

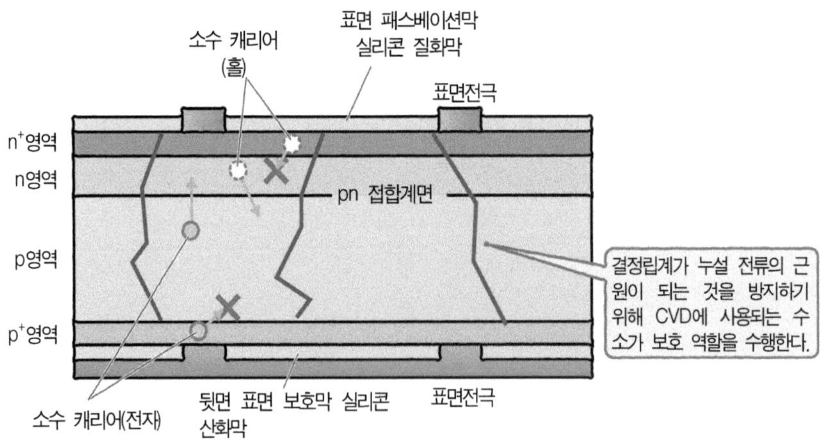

빛으로 만들어진 소수 캐리어가 표면 재결합에 의해 손실되는 것을 방지하기 위해 표면 측과 뒷면에 표면 보호막을 증착한다. 결정립계의 미결합 본드를 CVD에 사용되는 수소에 의해 보호한다.

[078] 밴드갭은 변환효율을 결정한다. 이론한계 변환효율

제2장 (026)에서 태양 전지의 변환 효율의 최대치(이론 한계 변환 효율)가 밴드갭의 크기로 결정된다고 말했습니다. 이 이론한계 변환효율은 어떻게 유도하는 것일까요? 그림 1의 등가 회로와 같이 태양 전지는 다이오드에 병렬로 연결된 단락 전류 I_{sc} 를 가진 전류 소스로 간주할 수 있습니다. 그림 1의 식과 같이, 부하로부터 꺼낼 수 있는 출력 P를 최대로 하는 전압 V_{max}를 구하면

$$\exp(eV_{max}/kT)(1+eV_{max}/kT) = (I_{sc}/I_o) + 1 \quad (1)$$

을 얻을 수 있습니다. 식 (1)에서, 소수 캐리어의 캐리어 밀도에 비례하므로, I_o = $A\exp(-E_g/kT)$의 형태로 밴드갭 E_g와 함께 감소하고 V_{max}는 E_g의 증가와 함께 증가합니다.

최대 전력 P_{max}를 구하면,

$$P_{max} = I_{sc}(eV_{max}2/kT)/(1+eV_{max}/kT) \quad (2)$$

입니다. 이 식에서 단락전류 I_{sc}는

$$I_{sc} = Q\{1-\exp(-\alpha l)\}enph(E_g) \quad (3)$$

로 표시됩니다. 여기서 Q는 캐리어 수집 효율, α는 흡수 계수, l은 흡수층

의 두께, $n_{ph}(E_g)$는 전자·홀 쌍을 생성하는 데 충분한 광자 에너지를 가진 광자 수입니다. E_g가 증가하면 태양 스펙트럼의 장파장 성분을 이용으로 수 없기 때문에, $n_{ph}(E_g)$은 감소하여 단락 전류 I_{sc}가 감소합니다.

변환 효율은 P_{max}를 태양광 방사광 강도로 나누어 얻을 수 있습니다. 반도체 밴드갭 E_g의 함수로 그래프를 그리면 E_g에 대하여 최적치가 있고, E_g = 1.4eV 부근에서 최대가 됩니다. 이것이 그림 2에 빨간 선으로 나타낸 이론한계 변환효율 곡선입니다. 그림에는 다양한 반도체 분야의 변환 효율 최고 데이터를 검은 점으로 표현하였습니다.

요점체크

- 최대 전력을 주는 전압 V_{max}는 E_g함께 증대하고, 단락 전류Isc는 감소한다.
- 이론한계 변환효율은 E_g=1.4eV부근에서 최대가 된다.

[그림 1] 태양 전지 등가 회로

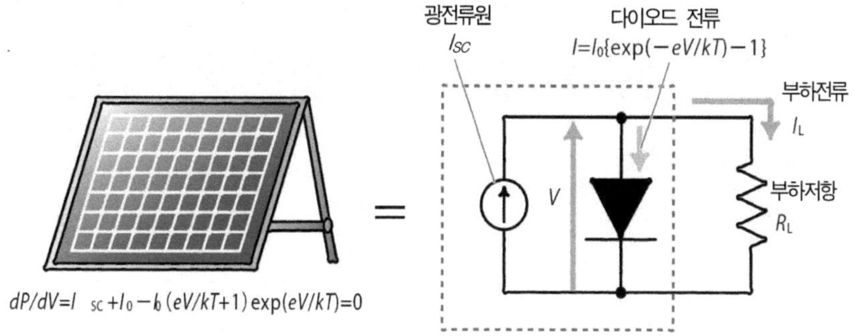

등가 회로 그림에서 $I_{sc} = I_j + I_L = I_0\{\exp(eV/kT) - 1\} + I_L$
부하로부터 꺼낼 수 있는 전력 $P = VI_L = V[I_{sc} - I_0\{\exp(eV/kT) - 1\}]$
P를 최대로 하려면, $dP/dV = 0$
$dP/dV = I_{sc} + I_0 - I_0(eV/kT+1)\exp(eV/kT) = 0$
여기에서 P를 최대로 하는 전압 Vmax를 구하면 다음 식이 성립한다.
$I_{sc} + I_0 = I_0(eV/kT+1)\exp(eV/kT)$

[그림 2] 태양전지의 이론한계 변환효율의 밴드갭 의존성

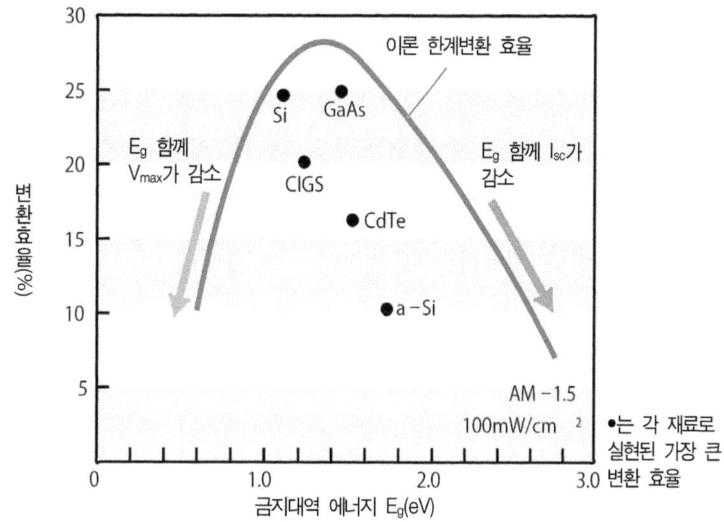

이론적으로 예측할 수 있는 태양전지의 최대변환효율(25℃)을 밴드갭 E_g의 함수로 나타낸 곡선을 "이론한계 변환효율 곡선'이라고 한다. E_g가 낮은 측에서는, E_g가 내려가면 V_{max}가 저하된다. E_g가 높은 경우에는, E_g가 올라가면 I_{sc}이 저하된다. 따라서 이론한계 변환효율은 E_g=l.4eV부근에서 최대치 30%를 취한다.
반대로 말하면, 변환 효율은 겨우 30%밖에 없다. 실리콘의 한계값은 27%이지만, 실현되고 있는 최대치는 25%이므로 대부분 한계까지 왔다는 것을 알 수 있다. 한편, CIGS로 실현하는 변환효율의 최대치는 20%이지만, 연구 개발에 따라 28% 정도까지 향상시킬 여지가 있다는 것을 알 수 있다.

COLUMN

에너지 페이 백 타임은 2년 이하

에너지 베이 백 타임 (에너지 회수 시간)은 태양 전지를 제조하는 데 사용되는 에너지를 태양 에너지에 의해 회수하기 위해 얼마나 많은 시간이 필요한지를 나타내는 수치입니다. 에너지 페이 백 타임은 시스템을 구성하는 모든 기기류의 제조 에너지와 시스템에서 매년 얻을 수 있는 발전량의 비율로 계산됩니다. 제조 에너지는 제조 기술의 개량, 생산 규모의 확대 등에 의해 점차적으로 감소합니다. 후자는 태양 전지의 변환 효율 및 시스템의 이용 효율의 개선에 의해 증가하기 때문에 혁신 과정에 있는 태양광 페이 백 타임은 해마다 급격히 짧아지고 있습니다. 표1에는 주요 태양 전지에 대해, 제조에 드는 에너지와 주택용 3kW 태양광에 대한 에너지 회수에 걸리는 시간을 나타냅니다.

다결정 실리콘도 1 년 반, CIGS라도 단 11 개월 만에 생산을 위한 에너지를 회수할 수 있다는 것을 알 수 있습니다. 태양 전지의 수명은 30년 정도 있기 때문에, 에너지 페이 백에 관한 한 완전히 페이하는 것을 볼 수 있습니다

[표 1] 태양전지의 제조에 필요로 하는 에너지와 주택용 태양전지(3kW)

태양전지종류	다결정 실리콘	박막 실리콘	CdTe	GIGS
제조에 필요한 에너지(GJ/kW)	15	10	9	8
에너지페이백 타임(年)	1.5	1.1	1.0	0.9

제조규모 100MW인 경우

07

앞으로의 태양전지 (고급편)

태양 전지는 앞으로 어떤 방향으로 기술 개발이 이루어질 것일까요?

이 장에서는 주제를 몇 가지 예시하고, 앞으로 태양전지의 동향에 대한 이미지를 심어주려고 합니다.

[079] 저렴한 태양 전지를 목표로 재료 · 웨이퍼 비용을 낮추려면?

그림 1은 2007년의 주택용 태양광 발전 시스템 가격(46엔/kWh) 비용 내역을 보여줍니다. 이 중 공사 비용이 절반을 차지하고 있으며, 모듈 비용은 20엔/kWh 정도가 되어 있습니다. NEDO의 목표는 2020 년도에 시스템 가격이 14엔/kWh로 되어 있기 때문에, 46엔은 1/3까지 줄여야 합니다. 따라서, 2020년에는 모듈 비용은 1/3인 7엔/kWh해야 한다는 것입니다.

결정계 실리콘 태양 전지의 경우 모듈 비용의 절반은 웨이퍼 비용(내역은 재료 비용과 웨이퍼 만드는 비용)이 차지하고 있습니다. 미래에는 (020)에 쓴 것 같은 태양전지급 실리콘의 재료 비용을 낮출 수 있지만, 당장은 웨이퍼의 두께를 현재의 절반인 100μm하는 것이 검토되고 있습니다. 이를 위해서는, 웨이퍼 절단 손실(컷 손실)을 얼마나 줄일 것인가가 과제입니다.

박막계 태양 전지 재료의 채용은 재료 · 웨이퍼 비용의 근본적인 해결책이 됩니다. 박막계는 유리나 플라스틱 필름 등 저렴한 기판 위에 스퍼터링, 진공증착, CVD 등으로 증착하여, 태양 전지 재료 박막을 형성합니다.

CIGS 태양 전지는 저렴한 청판 유리에 금속 합금 막을 스퍼터링하고 이 막을 챔버에서 셀렌함으로서 낮은 비용을 실현하고 있습니다. 또한 박막 실리콘계와 CIIGS 계에서는 필름 기판을 사용한 롤-투-롤 법(그림 3)으로 고속으로 제작할 수 있습니다. 앞으로 더 저렴한 비용으로 대면적 태양 전지 막을 균일하게 제작하기 위한 방법으로 스프레이 법(그림 4), 도

포법, 전기 도금 법의 경우도 연구되고 있습니다.

태양전지셀 제작 비용과 모듈 제작 비용에 대해서는 생산 규모가 커지면 필연적으로 떨어질 것으로 생각됩니다. 또한 투명 도전막 및 배선에 사용하는 희귀 금속을 줄이는 것도 비용 절감에 효과적입니다.

요점체크

- 결정질실리콘 태양전지는 웨이퍼 두께를 절반으로 줄여 비용 절감을 도모한다.
- 근본적으로는 박막화에 의해 재료 및 제조 비용 절감을 도모한다.

[그림 1] 주택용 태양광 발전 시스템(46엔/kWh)의 비용내역(2007년)

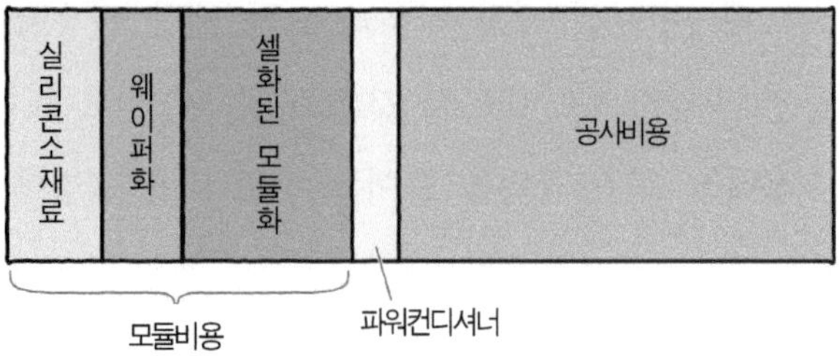

출처 : 샤프 종합 자원 에너지 조사 회의 제23회 새로운 에너지 일부 회의 자료

[그림 2] 웨이어 비용 절감

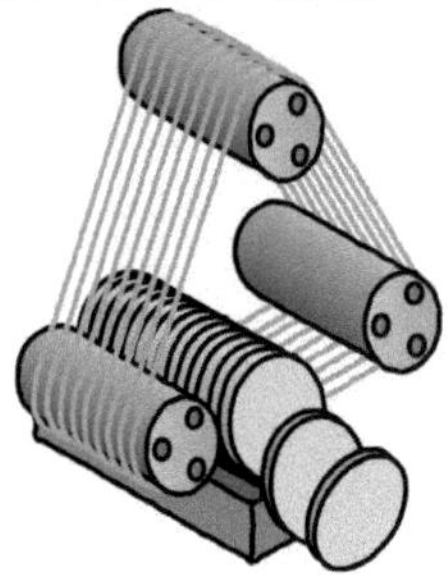

웨이퍼의 두께를 현재 200㎛에서 절반 100㎛로 줄이고 재료비용을 감소시킨다. 카후로스를 어떻게 줄 것인가가 과제이다.

[그림 3] 롤-투-롤 법

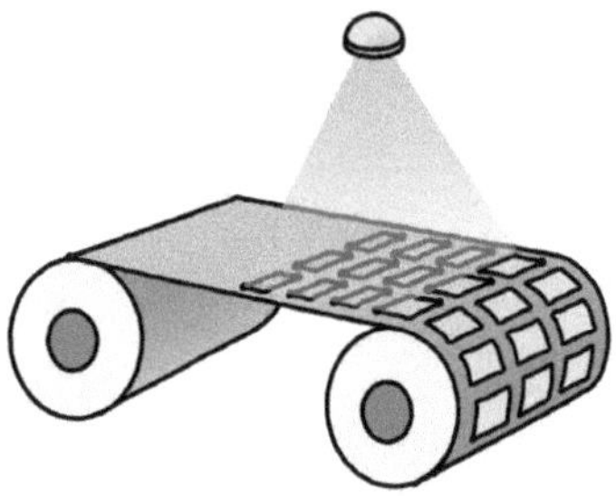

롤투롤방법을 사용하여 필름 기판 태양전지를 빠르게 낸다.

[그림 4] 스프레이 법

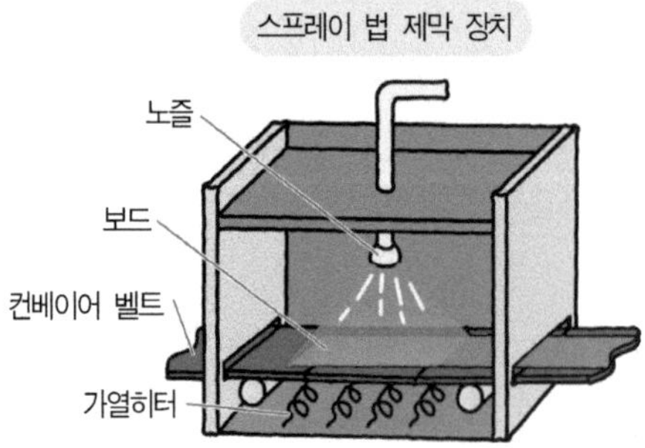

저렴한 비용으로 대면적 태양전지 필름을 균일하게 제작하기 위한 방법으로 스프레이법, 신청방법, 전기도금법이 연구되고 있다. 그림에서 스프레이법은 용매에 용해 성분을 컨베이어 벨트에 둔 보드를 노즐에서 분사하여 가열하여 결정화 구제막한다. 신청방법은 튜브를 바르고 가열하여 제막한다. 전기도금법에서는 기판 도금용액에 담가 전류가 기판에 증착한다.

[080] 고효율 태양 전지를 목표로

최고의 저비용화는 고효율화입니다. 왜냐하면, 변환 효율이 배가되면 동일한 전력을 절반 크기로 발전할 수 있으므로, 재료 비용도 설치 비용도 절반이 됩니다. (078)에서 언급한 바와 같이 기존의 태양전지 단일 셀에서 변환 효율 30%를 초과할 수 없습니다. 따라서 새로운 컨셉트가 필요합니다. 그것이 양자점입니다.

나노 기술이 진전되고, 반도체의 미세 구조를 만드는 것이 가능하며, 그림 1과 같이 2차원, 1차원, 0차원과 낮은 차원화 할 수 있습니다. 그림 1 (a)에 나타낸 반도체 2차원 구조의 양자 우물에서는 전자는 1방향 (두께 방향)에 갇혀 두께에 수직 2 방향으로만 자유롭게 움직일 수 있습니다. 이 상태를 2차원 전자가스라고 합니다. (b)에 나타낸 1차원 구조의 양자 세선에서 전자는 나노 와이어의 길이 방향으로 수직 2방향에 갇혀 자유도는 1이 됩니다. 또한 (c)와 같이, 0 차원 구조 것이 양자점입니다.

그림 2는 양자점의 전자 상태를 보여줍니다. 양자점은 (a)와 같이 밴드갭이 큰 반도체에 고정된 밴드갭이 작은 반도체 나노 크기의 상자입니다. 전자의 파동은 (b)와 같이 세 방향에 갇혀 운동의 자유도가 없기 때문에, (c) 에너지 상태는 폭없는 양자 준위입니다. 이러한 양자 준위의 에너지는 양자점의 크기 W를 변경하여 제어할 수 있습니다. 또한 그림 3 (a)와 같이 양자 도트 초격자(나노 크기의 간격 배열)를 만들면, (b)와 같은 미니밴드가 태어난 밴드 갭을 인공적으로 제어할 수 있습니다.

빛을 쬐면 일부 두 밴드 간의 전환이 일어나기 때문에 넓은 파장 범위의 빛을 흡수하고 효율적으로 전기를 바꿀 수 있습니다. 이론적으로 60% 이상 고효율이 기대되고 있지만, 크기가 같은 양자점을 균일하게 정렬하기가 기술적으로 어렵고, 고효율을 실현하기까지의 여정은 아직도 먼 것 같습니다.

요점체크

- 고효율화하면 작은 면적으로 같은 발전량을 얻을 수 있어서 저비용이 된다.
- 양자점 태양전지는 높은 변환 효율을 기대할 수 있지만 실현하기에는 먼 여정.

[그림 1] 반도체 저차원화의 흐름

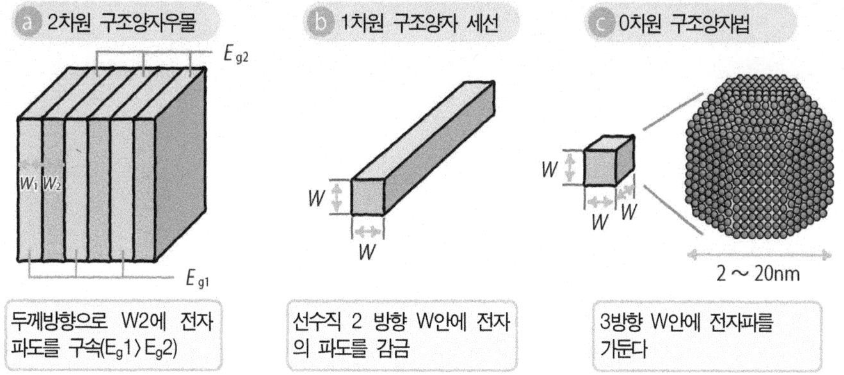

[그림 2] 양자점의 전자 상태

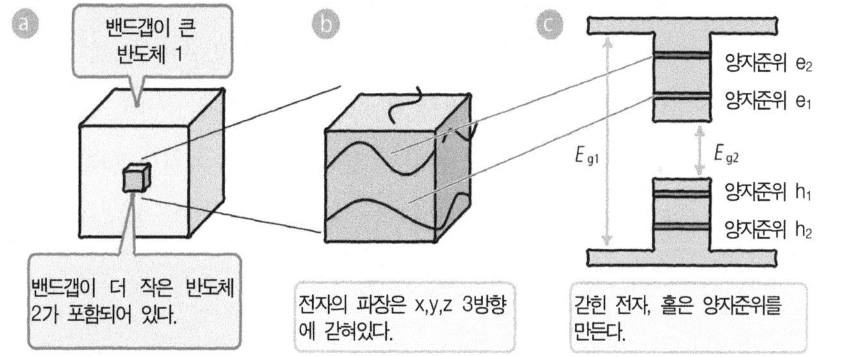

[그림 3] 양자점 초격자의 전자 상태

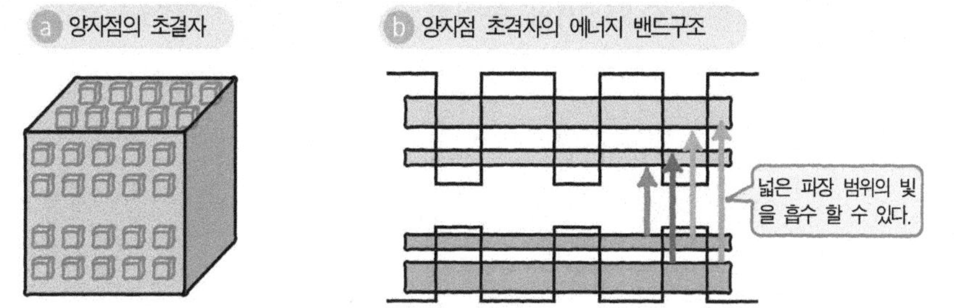

양자점을 (a)와 같이 고밀도 3차원 배열시키면 상호작용이 일어나, (b)와 같이 여러에너지 밴드가 되어 광 스펙트럼을 효율적으로 사용할 수 있다.

[081] 흔한 재료로 친환경 태양 전지의 원소 전략

표1은 클라크 수를 30 위까지 제시합니다. 대략에는 산소(O)가 반, 실리콘(Si)이 1/4을 차지하고 있습니다. 클라크 수에서 보면, 차세대에서도 실리콘이 가장 중요한 태양 전지 재료로 계속 되는 것은 틀림없을 것입니다. 태양 전지 재료로서 연구되고있는 갈륨비소(GaAs), 카드뮴텔레리움(CdTe)는 30 위 이내에 없습니다. CIGS($CuIn_{1-x}Ga_xSe_2$)에 대해서도 간신히 구리(Cu)가 25위에 들어가 있을 뿐이므로, 인듐(In) 대신에 주석(Sn, 30 위)과 아연(Zn, 31 위)을 사용한 $Cu_2Z_nSnS_4$는 4원소 화합물로 대체 연구가 시작되고 있습니다. 여기에서는, 클라크 수 4위 철(Fe)을 사용한 태양 전지에 대해 소개합니다.

철계 태양 전지

철을 사용하여 태양 전지를 만드는 시도로 베타 철 실리사이드(β-FeSi : 밴드갭 O.85eV)와 황철광 (FeS_2 : 밴드갭 O.95eV)이 있습니다.

철 실리사이드를 사용한 태양 전지가 실용화되었다는 보고는 아직 없습니다. 실용화 단계에 있는 것은 황철광(페라이트)입니다. 2009년 5월 스웨덴의 자동차 메이커가 개발한 Quanta는 자동차가 황철광 태양전지를 탑재하고 있는 것으로 화제가 되었습니다. 황철광은 흔한 금색의 돌 (그림1)입니다. 금색의 원인은 그림 2와 같이 흡수 계수가 6×10^5 cm^{-1}에 도달하고 강한 광흡수 천이가 1~2.5eV에 있는 지에 따라 다릅니다. 이 강한 흡수는

그림 3과 같이 가전자대의 정상과 전도대의 바닥이 모두 밴드 좁은 철 3d 전자 궤도에서 유래하고 있기 때문에, 상태 밀도가 높다고 생각됩니다(주1). 이 때문에 FeS_2 박막의 두께는 20nm 정도로, 이것을 p 형, n 형 와이드 갭 반도체에 끼운 구조로 태양광을 제거하므로 일종의 색소 증감 태양전지입니다(주2). 집광형 황철광 태양 전지는 50 %의 변환 효율을 얻을 수 있다고 보도되고 있습니다만, 자세한 것은 알려져 있지 않습니다.

요점체크

- 차세대 태양전지도 클라크 수가 큰 실리콘이 주류가 될 것이다.
- 황철광은 강한 수 띠가 있기 때문에 태양 전지에 사용할 수 있다.

[표 1] 클라크 수

순위	원고	클라크수	순위	원고	클라크수	순위	원고	클라크수
1	산소(O)	49.5	11	염소(Cl)	0.19	21	크롬(Cr)	0.02
2	실리콘(Si)	25.8	12	망간(Mn)	0.09	22	스트론튬(Sr)	0.02
3	알루미늄(Al)	7.56	13	인(P)	0.08	23	바나듐(V)	0.015
4	철(Fe)	4.70	14	탄소(C)	0.08	24	니켈(Ni)	0.01
5	칼슘(Ca)	3.39	15	유황(S)	0.06	25	구리(Cu)	0.01
6	나트륨(Na)	2.63	16	질소(N)	0.03	26	텅스텐(W)	0.006
7	칼륨(K)	2.40	17	불소(F)	0.03	27	리튬(Li)	0.006
8	마그네슘(Mg)	1.93	18	루비듐(Rb)	0.0	28	세륨(Ce)	0.0045
9	수소(H)	0.87	19	바륨(Ba)	0.023	29	코발트(Co)	0.004
10	티타늄(Tl)	0.46	20	지르코니아산(Zr)	0.02	30	주석(Sn)	0.004

[그림 1] 금색의 도돌 "황철광"

[그림 2] 황철광의 흡수 스펙트럼

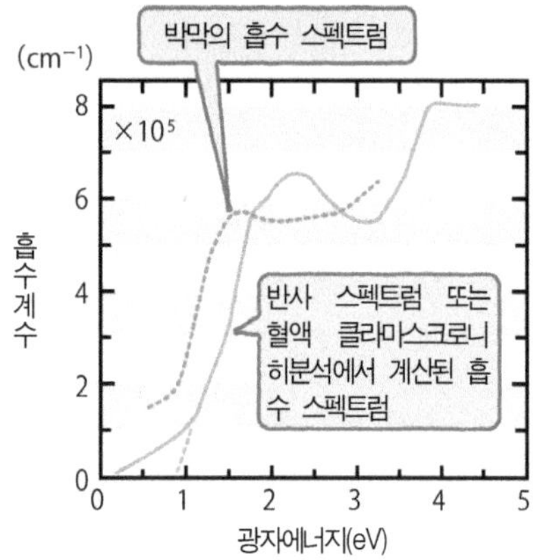

황철광의 빛의 흡수는 0.9eV 부근에서 상승하고 1.5~2eV 부근근처에 피크를 가진다. 1.5eV 부근의 흡수원은 CIS보다 $6\times10^5 cm^{-1}$ 높다.

[그림 3] 황철광의 밴드 구조

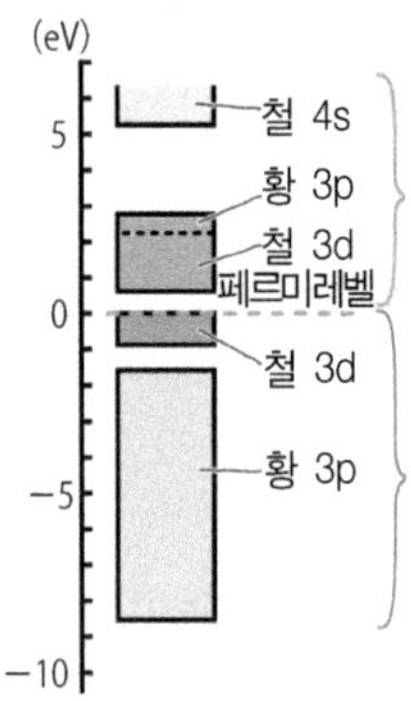

황철광은 반도체에서 원자의 꼭대기와 전도대의 바닥은 철 3d 전자의 궤도에 연고를 초래하고 전자의 물결은 퍼지지 않고 대역폭이 좁은 상태에서 밀도가 크기 때문에 빛의 흡수가 강하다.

[082] 솔라 브리더 계획 태양전지로 만든 전기를 전세계에 공급

1994년 구와노 요키노리 씨(전 산요전기 사장)는 그림 1과 같이 '제네시스 계획'이라는 장대한 계획을 제창하였습니다.(주1) 아래에 그 개략을 기술하면, 2000년에 필요한 1차 에너지의 총량(140억 석유환산톤)를 태양광으로 조달하면, 65만 km^2면 충분하며 모든 사막 면적의 4%에 해당 합니다. 사하라 사막의 면적에 태양광 발전소를 설치하면, 변환 효율 10%로 필요한 1차 에너지의 4 배를 제공하는 것이 가능합니다.

따라서, 지구상의 각 사막에 태양광 발전소를 만들어 초전도 케이블 전력망으로 세계적으로 배전하면 낮 지역에서 밤 지역에 전력을 수송할 수 있습니다. 따라서 제1단계로 일본에 소규모 광발전 시스템을 통합한 송전망을 구축하고, 제2단계로 세계 각지에 로컬 에너지 시스템을 구축하여, 제3단계에서는 각지의 송전망을 연결하는 것입니다.

사하라를 이용하여 태양광 발전을 실시 지역에 전력을 공급하는 '사하라 브리더 계획(SSB)'이라는 구상이 일본 학술회의에서 제안되어 추진하려고 하고 있습니다. 사하라에서 만든 전력을 사용하여 사하라의 풍부한 모래 (Si02)에서 실리콘 및 태양 전지를 만들고, 이를 통해 태양광 발전소를 증식 (브리드)시키는 것입니다. 만들어진 전력은 현지 에너지 공급과 해수 담수화에 의한 물 공급에 사용되고 잉여 전력은 초전도 케이블로 지중해를 넘어 유럽에 공급됩니다. 이를 위해 과학 기술 ODA는 일본과 사하라 국가들이 공동 연구를 지원하고자 합니다. 2010년 키타자와코우이치

씨(과학기술 진흥기구 전 이사장)는 그의 저서인, '사하라 브리더 계획'에서 일본 과학 기술이 세계에 공헌한 것으로 국제적으로 평가되는 것이라고 말했습니다.

요점체크

- 사하라 사막의 태양광 발전소는 세계 에너지의 4배를 공급할 수 있다.
- 사하라 부리더 계획은 과학 기술 ODA로 국제 공헌할 수 있다.

[그림 1] 구와다 요키노리 씨가 제창한 제네시스 계획

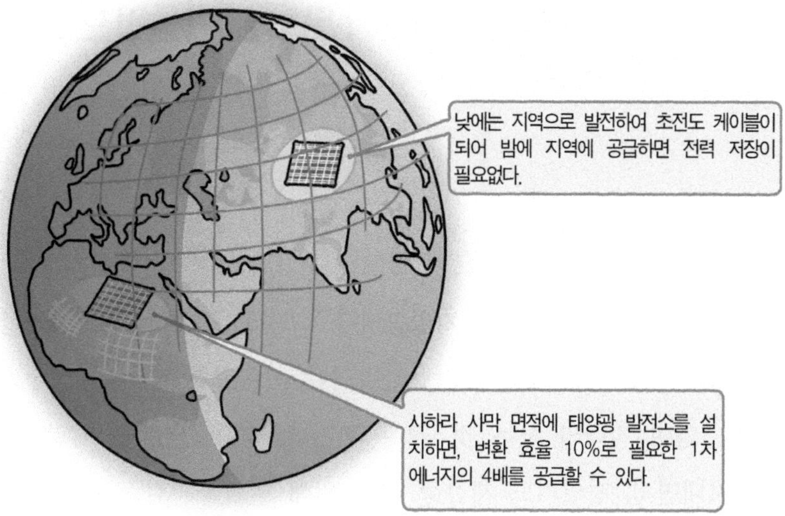

[그림 2] 과학기술 ODA에서 추진을 검토하고 있는 사하라 브리더 계획

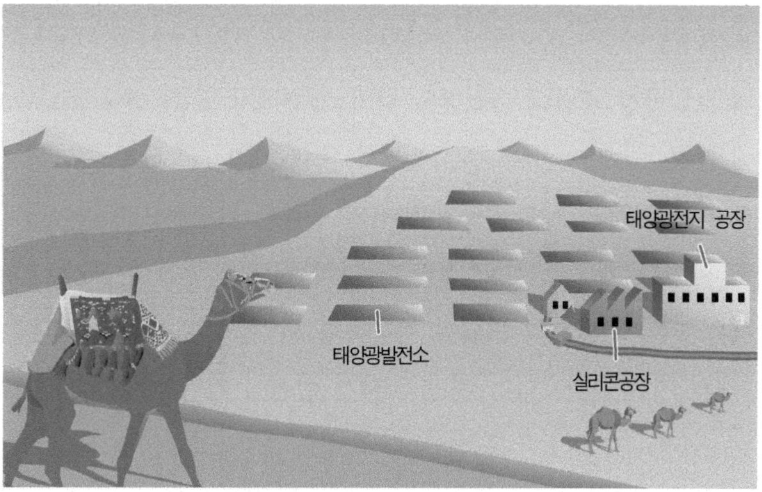

사하라 사막에 태양광 발전소를 설치하고 여기에서 발전한 전력을 사용하여 사막의 풍부한 모래(SiO_2)에서 실리콘을 제거하고 트레이닝을 이용하여 태양 전지를 만들어 취하는 태양광 발전소가 브리더 계획이다. 여기서 발전된 전력은 현지 에너지 공급과 해수 담수화에 의한 물 공급에 사용되어 잉여 전력은 초전도 케이블, 지중해를 넘어서 유럽에 공급되는 방식이다.

COLUMN

에코 주택 15년을 되돌아보고

필자는 1994년 에코 주택을 지었습니다. 그리고 2008년까지 14년간 누계 약 50MWh의 전력을 발전하고 일상 생활에 사용하면서 누적 14MWh의 잉여 전력을 계통에 공급하여 왔습니다. 잉여 전력의 사는 것, 모두 전기화, 강한 단열 · 고기밀 덕분도 있었고, 쾌적한 생활을 보내면서, 광열비도 재건축 전에 비해 약 15% 감소하였습니다. 앞으로 태양 전지의 도입을 생각하고 계시는 분들을 위해 조언을 정리합니다.

① 주택 신축시 태양광 발전을 도입하는 경우에는, 강한 단열·고기밀의 에코 주택의 일환으로 생각하는 것이 중요하고, 이 경우, 지붕재로 태양전지 패널을 설치하는 것이 좋습니다.

② 태양광 발전 패널의 출력값은 단지 25℃에서 표준 태양광(lkW/m^2)이 남중이고 패널에 수직으로 입사하는 경우의 직류 출력값입니다. 실제 출력은 표시된 값의 7~8할이라고 생각합니다. 또 태양광 발전의 출력은 장기적으로 떨어집니다.

③ 최근 기술 개발과 비용 절감, 국가의 보조금 정책에 의해 지금은 180만엔 전후로 4kW 태양광 발전의 도입이 가능하게 되었습니다. 빨리 취할 것은 아니지만, 자동차 1대의 지출에 다소나마 저탄소 사회 실현에 기여할 수 있다면 다행이지 않습니까?

필자의 집 외관

'가장 쉬운 이공계' 발간의 말

"물건 만들기"의 꿈은 뜨거울 때 쳐라!

냉전시대에 태어난 광역 네트워크와 컴퓨터 과학 기술은 눈을 보고 흔들만큼 발전하였고 고도의 정보화 사회가 도래하였습니다. 이제 과학은 우리 생활에 가까운 것이 되어, 각각 없이는 사회가 성립되지 않는 만큼 강한 영향력을 가진다고 할 수 있습니다.

이 '과학의 세기라고 부를 만한 21 세기 그러나 바늘판을 목표로, 우리는 2006년 10월 "사이언스아이신서"를 창간하고 2009년 1월 '사이언스아이BOOK' 을 창간했습니다. 그리고 이번에 '물건 만들기'의 꿈을 가지고 고등 학생, 고등 전문 학교 학생, 대학생, 심지어는 일반 기업의 비지니스맨과 크리에이터에게도 알기 쉬운 공학의 입문 시리즈로 '가장 쉬운 이공계'시리즈를 창간했습니다. 본 시리즈는 공학 분야의 혁신적인 발명이나 응용 제품을 기본이 된 물리적인 원리, 구조 등에서 끈을 풀고 모두 컬러 그림과 사진으로 그 특징을 도해하여 누구나 이해 수 있도록 설명하고 있습니다. 본 시리즈에서는 전문진, 대상 테마의 전문 영역을 알기 위하여 필요한 우선 순위가 높은 항목을 엄선하여 1견문마다 컴팩트하게 정리하고 있습니다. 이에 따라 '물건 만들기'의 꿈을 이루기 위한 출발선에 설 수 있을 것입니다.

사회를 변혁하는 큰 제품을 만들어내도, 우선은 기본이 중요합니다. 언제든지 기본으로 돌아가서 되돌아볼 수 있도록 본 시리즈의 그림이 도움줄 수 있다고 믿습니다.

2010년 4월

찾 아 보 기

ㄹ

ㅁ

ㅂ

ㅅ

ㅇ

ㅈ

A

C

F

H

I

K

L

N

P

2

3

4

III

■ 역자약력

김현철 울산대학교 전기공학부 교수
김봉환 대구카톨릭대학교 전자공학과 교수
이병렬 한국기술교육대학교 메카트로닉스공학부 교수
김성욱 (주) 티엘아이 상무

태양전지의 기본

「太陽電池」のキホン

인 쇄 : 2013년 8월 25일
발 행 : 2013년 8월 30일
저 자 : 佐藤勝昭(Katsuaki Sato)
역 자 : 김현철 · 김봉환 · 이병렬 · 김성욱
발 행 처 : 도서출판 한산
서울시 서대문구 수색로6길 43번지 105-602호
TEL : (02)304-3504 FAX : (02)304-3505
발 행 인 : 김 기 영
등록번호 : 제 10-1745 호
I S B N : 978-89-89215-79-0 93560

정가. 20,000원